MIND心研社图书

为心灵提供盔甲和武器

不必太纠结于当下，也不必太忧虑未来，
当你经历过一些事情的时候，
眼前的风景已经和从前不一样了。

—— 村上春树

敢于脆弱

[法] 吉娜维芙 · 阿弗里伊尔 ——— 著
(Geneviève Abrial)
宋义铭　卓小凡 ———— 译

北京联合出版公司
Beijing United Publishing Co.,Ltd.

图书在版编目（CIP）数据

敢于脆弱 /（法）吉娜维芙·阿弗里伊尔著；宋义铭，卓小凡译. -- 北京：北京联合出版公司，2019.6
ISBN 978-7-5596-2825-1

Ⅰ. ①敢… Ⅱ. ①吉… ②宋… ③卓… Ⅲ. ①心理学—通俗读物 Ⅳ. ①B84-49

中国版本图书馆CIP数据核字（2018）第278671号

北京市版权局著作权合同登记号：图字01-2019-1538号

敢于脆弱
作　　者：（法）吉娜维芙·阿弗里伊尔
译　　者：宋义铭　卓小凡
图书策划：耿璟宗
责任编辑：牛炜征
特约编辑：刘广生
特约统筹：高继书
装帧设计：仙境设计

北京联合出版公司出版
（北京市西城区德外大街83号楼9层 100088）
北京联合天畅文化传播公司发行
北京美图印务有限公司印刷 新华书店经销
字数179千字 880毫米×1230毫米 1/32 9印张
2019年6月第1版 2019年6月第1次印刷
ISBN 978-7-5596-2825-1
定价：45.00元

引 言

人性的力量，只有在脆弱中才能被点燃

很多人都会感到脆弱，却不敢表露出来，或者不敢承认，甚至为脆弱而感到羞耻。的确，敢于表现自己的脆弱、敢于承认自己的脆弱、敢于说出自己的脆弱，这是很难做到的事。

但是，每个人其实都会经常迷失方向，丧失希望，孤独，自卑，空虚……甚至出现轻度精神失常，有时，个体甚至会没有安全感，感到孤立离群，最终对他人、对自己都失去信心。

因此，一个人的脆弱有时会伴随一些症状，表现为某些疾病和不适，并且通常是不被言说的。

其实，要求高效率，要求时刻掌控自己的生活，这并不有利于个体看清自己真正的困境，或者找到自己的定位。

然而，在这样一个现代社会中，这种不适的状态却不断加剧：充斥着对人性基本需求的无知和无视，充斥着机械、分裂的个人主义世界观。因此，个体常常迷失在这个令人不知所措的社会中，难以找到坐标，渐渐变得脆弱、不堪一击。有时，在

深刻的变化中，他们的精神状态难以自我建构，甚至会损及自己的认同感。

那么，身处这个容易使人迷失自我的社会之中，怎样才能不迷茫呢？

面对脆弱，无论是曾经经历、正在经历，还是将要经历的脆弱，人们都有两种可能的姿态：一种是忽视人类内在的焦虑，自欺欺人，自我封闭。否认脆弱，抑制脆弱，变得冷酷，只关心财富、权力、世俗的成功以及物质上的成就……这一切会引发一场无穷无尽的追逐，人们身在其中，但已迷失了方向。

另一种是陷入痛苦，任凭绝望侵入心灵，有时甚至不寻求解救。人们被绝望、甚至病态心理所支配，鼓吹反生活，放弃一切希望，拒绝任何改变。如此，这世上有些人异常高兴，而另一些人却在受着极大的折磨。

可是，我们难道不能有别的选择吗？为了使我们看到一个更加深刻、本真、丰富的自己，有没有办法改变我们的复杂、脆弱和敏感？我们可不可以接受自己的脆弱，并把它作为人生的动力呢？我们可不可以探寻自己感性的一面，并将其充分发展，直到产生一个完整的人格？

我认为，我们可以把自己的感性当作一把利器，运用它来跨越脆弱，成就人生。不再把自己的弱点当成缺点，不再和本不存在的完美相比较，不再惧怕脆弱。相反，要尊重多样性，尊重个体发展的多种可能性，不断地自我质疑和自我发现。

这是我们每个人的境况：和所有自主、独立且又复杂的生物一样，我们人类一方面是脆弱的，另一方面又有着内在的力量。

脆弱经常被视为一种缺陷，一种为了好好生活所必须克服的品质缺陷。

它主要表现为：无力、虚弱、犹豫不决、优柔寡断、萎靡不振、易受影响、反复无常、无助、温驯、随和。

我们所谈论的脆弱，使人备受折磨，怀疑猜忌，使人在人生的某些阶段感到忧伤、沮丧，它存在于我们每个人身上，却经常被我们忽视。

脆弱有什么迹象？脆弱表现在哪些方面？我们该怎么辨认这些表现呢？

我们的自我构建和内心斗争同时产生了脆弱和力量。有时，人生中的一些重要时期强烈地震撼着我们，截然不同的冲动撕扯着我们，但任何改进都必然经过自我建构和解构两个自然的阶段。我们的人际关系也带有这些创伤，彰显着我们的本质。

看不见的创伤是最深的，也是最难以痊愈的。那些情感冲击在最初产生影响之后，在很长一段时间内仍然会留有余波。一些文学上的例子或是现实发生的事件都是脆弱故事的最好阐释，展现了那些新旧创伤在我们身上留下的痕迹，显示了那些我们身上或许连自己都没有意识到的盲点。

个体有很多工具可以用来保护自己，但这些自我保护工具，使用不当也会变成妨碍自己的陷阱，使我们远离真实的人生。因此，脆弱是被否定的，也是吸引人的。

事实上，生存的苦难、表现在生活模式上的绝望、消极观点和想法、虚无主义，人生的这些阴暗面迷惑了我们中的许多人。在创作领域，也有许多“忧郁的黑太阳”[①]，他们各自以自己的方式升华了绝望。我们喜欢不时沉浸于悲伤或忧郁之中，一头扎入某些“绝望导师”[②]或纯净或混沌的思想中。

接下来，我们可以试着思考并评判另一个问题：脆弱的光明面。

将脆弱变成力量的源泉，开发自我疗愈的能力，以入世的态度肯定自己的自由，达到这些目的需要一个缓慢的过程。这个过程在后文中被分为八个练习：

◎ 首先是练习认识自我：在自己的创伤上下苦功，从过去的经历中汲取能量，肯定自己的弱点，以人为镜，观察自己。

◎ 其次是练习面对自己的痛苦，这是创作的源泉。

◎ 再次是自我力量的练习：考虑自己的优势、潜力和个性；重新恢复自己的欲望，因为这是一种生命力，激发它，可以使我们接触自己的本真。

◎ 自我构建的练习：在这一练习中，我们可以在思想、自省、学问、文化和好奇心的基础上，决定自己的命运，自我抉择，成为自己生活的主人。

◎ 面向外部的练习：使我们学会和他人打交道，这是自我

① 钱拉·德·奈瓦尔：《序曲》，载于《幻象集》，弗里欧出版社，经典系列，2005 年版。

② 南茜·休斯顿：《绝望导师》，南方文献出版社，2004 年版。

构建、自我存在的基本需求。

◎ 创造性的练习：使我们升华自己的阴暗面。

◎ 面对现实的练习：使我们此时此地学会肯定自己的独特性和主观能动性。如果没有行动，脆弱就只是脆弱。

◎ 第八个练习是融会贯通，形成一个和谐的个体。这个练习意味着要学会容忍矛盾，倾听自己身上的基本节奏和沉默宁静。

注意自己和他人的关系，构建自己生存的意义，学会整合自己的生活、价值观以及心理状态，了解自己内心深处的节奏，这些给我们带来平衡与和谐。

在人生的考验中看到重获新生的机会，在自己身上发现新的潜能，改变自己，改变自己的世界观：我想要证明，我们会在觉醒的道路上遇见脆弱的自己。但是最终，我们都能重返正途，重新确立健康的价值观，并在失去理智的时候为自己指引方向！

在你人生的某些时刻，当你歇息时、感到悲伤时、自省时、受到严峻打击时、失去时，当你处于特别清醒的状态时，面对人生的辽阔与荒谬，你是否有一种眩晕感，是否感受到自己的渺小和卑微？

“真正的谦卑是，能够意识到作为人类，或者从更普遍意义上说，作为生物，自己是虚无的。”[①]

① 西蒙娜·薇依：《重负与神恩》，口袋出版社，2012 年版。

以上是脆弱的一种表现。脆弱不仅限于此。

如何战胜这种情绪，别让它削弱、消灭我们，并相反地，在我们的生命之外，赋予它意义？

我们可不可以从自己遭受的磨难中勾勒出个人成长的轨迹？可不可以在探寻自我意识的过程中挖掘出新的财富？

不论遭遇过什么，人生的道路总是峰回路转、弯弯曲曲：我们总是会有怀疑、内在冲突的时候。个人的特性、完整性、稳定性、一致性先是渐渐地丧失，随后又重新出现，重新形成。它们受到破坏，但又重新被构建起来。

在这本书中，我想说明，脆弱其实是诸多品质的整合，是一个鲜为人知的宝库。我们要学会正面认识、思考这件事。我也想表明，脆弱不是某些人的专利。我们每个人身上都有脆弱的部分，因为脆弱在自我个性成长和社会化的过程中发挥了重大作用。

通过了解自己的脆弱，我们会发现脆弱其实就是我们人性深处的基本元素，我们成长过程中的种子，以及我们创作的引子。

在日常生活中，通过接触人类心理的“地下迷宫”，我看到了生存困难引发的种种忧虑和痛苦。但我也看到了心理活动中始终蕴含着的创造性和活力。

我观察到我们的脆弱其实来自本真，来自个人的真实经历。我们身上有多少创伤啊！创伤遍布全身，成就了我们，并且时不时地出现。创伤是意料之外的，是令人惊喜的。尽管有时候我们无法控制它们，但对我们来说，它们是如此熟悉，如此令人敬畏。

接受自己的脆弱，就是学会表露自己的情感，就是体会自己的感情、疑惑和思索。承认脆弱，意识到自己的脆弱，使我们的人生拥有保护自己的装备。通过让自己敏感（也是清醒）来丰富自己，让自己变得强大。接受自己的脆弱，就是思考人生的意义和价值，思考自己与周围事物的沟通和交流。

在人类早期时代，了解自己的脆弱就是人类的追求。先前，人们都试图依靠前人的假设，以及前人已经完成的部分来探寻人类本真的奥秘。其实，这种追求关系到每一个人，每个人在个人成长过程中都有自己要完成的部分。这个部分是独一无二、非常特殊的。

“人类本真在于‘这个可质疑性，它使人类始终对自己发展的多种可能性和未来保持开放的态度’。”①

人类构成了我们所提出的全部问题，因此，他对自己身上的未知性，特别是被埋没的地方，以及自己发展的无限可能性一直保持开放的态度。

在本书中，我会提及其中几个问题。一个简单的目的是给你们提供一些方向，以便更好地理解自己的心理要素。当然，另一个目的是表明我们可以利用这些心理要素来创造自己的

① 西尔维·日耳曼：《轻微死亡》，德克莱·德·布鲁韦出版社，2000 年版，第 15 页。

人生。

本书并非只是粗略地罗列一些可用的方法，也不是在描述一个理想化的模式。我更希望通过这本书引发你们的思考，使你们能够自己提出问题，并找到长远的解决之道。

脆弱的体验使我们创造了自己的人生，使我们懂得了自由和创新。跟所有的学习一样，在学习脆弱的过程中，我们有进步，也有退步。

这是一条个体化之路，它的形成是循序渐进的。在这条路上，我们可以表达自己在和世界相处时所发现的内在与外在。我们会在自己的创伤里面寻找自己的发展资源。这些创伤是可以传递、可以沟通的，是更人性化的，也是更根本的。

这是一条独特的成长之路：与自己内心深处的孤独共鸣，同时注意与他人和世界联结。

“资源理论与受伤经历密不可分。”[①]

面向脆弱的成长之路使我们开发自己的内在性，突出内在性的重点。为了建立自己的心理领地，我们需要不断经历脆弱。

而且，我们可以带着更多的善意来看待自己，从而突出自己的优点，因为这些是个人敏感性的重中之重。

---

① 弗雷德里克·沃姆斯：《重生：感受我们的创伤和力量》，弗拉马里翁出版社，2012 年版，第 259 页。

第一部分

了解自己的脆弱

这不一定是苦难，
这不是瓦尔密[①]，也不是凡尔登，
但这是悬而未落的眼泪，
为逝去的昨日，为走近的明天。
那是活着的痛苦，
那是活着的痛苦，
尽管如此，还是要好好生活，
生活值得我们好好去过。
——芭芭拉[②]

① 瓦尔密：1792年，法国革命军在此处与奥普联军交战十天。——译者注

② 芭芭拉（1930－1997）：法国著名女歌手，创作并演绎过众多脍炙人口的经典香颂。本段歌词节选自其原创词曲的《活着的痛苦（*Le Mal de Vivre*）》。——译者注

有时，我们会感到悲伤、沮丧，或是一种不知所起的莫名的忧郁。这种感受或多或少会弥漫开来，时而转瞬即逝，时而久久不散；甚至偶尔，这些情绪的阴霾会完全笼罩我们，使我们滋生了一股离“家”出走的冲动。

我们是否应该承认，在这些不安的情绪背后，隐藏着我们脆弱的一面？我们应该如何面对？

承认自己的脆弱，会是一种坚强的表现吗？

你是脆弱还是坚强

芦苇或橡树

“人们常说杯子是脆弱的，因为它碰壁即碎。柔弱的芦苇随风倾倒，似乎直欲折断；一旁雄健的橡树则根基稳固，纹丝不动。然而，却是芦苇才能抵御风暴……

风将他的威力加剧，
越刮越猛，无法硬顶，
那头部高耸，与云天并肩为邻，
脚踩黄泉的橡树，被连根拔去。”[①]

让·德·拉·封丹的寓言《橡树与芦苇》，刻画了轻视弱小、自恃强壮、心高气傲者的骄矜。而那些表面柔弱者，面对

① 让·德·拉·封丹：《橡树与芦苇》，载于《寓言》，口袋书出版社，2009年版，第35页。

逆境却更从容，因为柔软的躯体使其更容易扭曲变形、自我适应，遭遇障碍才得以保全。诚然，坚不可摧的参天大树高耸入云，它知道自己已经一脚踏入黄泉，终将因不知变通的顽抗而死。

追本溯源，“脆弱 (fragile)”一词，来自拉丁语词“fragilis”，原意是“易碎的”“易坏的”。名词“脆弱（fragilité)”的第二重含义来自拉丁语词“fragilitas”，意即“纤弱”。

易碎、易坏：如此一来，这个概念被赋予了时间层面的内涵，也就是说，脆弱意味着不能持久。另一方面，它还具有体量、形状的含义：脆弱意味着轻、纤、薄。

例证

◇ 对初生婴儿来说，在刚刚脱离安全的子宫，来到外部世界时，生活似乎令人胆战心惊。为了生存，一无所能的婴儿只能全然依赖周围人的照顾。但在这之后，这个个体就会自我发展，逐渐自立，学会生活。

◇ 有时，躯体濒临死亡，却又悄然复苏。这时，旁人就会感叹：“求生欲强，真是万幸！”

尽管很困难，但是让我们重回这个话题：表面脆弱就是真的脆弱吗？看似强壮者就不会暗藏死穴吗？

所谓的心理脆弱是指什么？什么样的人是脆弱的？

自我怀疑、怏怏不乐、交往障碍、惯性迟疑、活力减退、情绪波动、消极迷茫……这种种心理活动，又是否属于脆弱的表征呢？

关于如何抑制这些心理活动、如何向外界隐藏它们，每个人都有自己的一套应对策略，方式和态度均有不同。

某个人在旁人眼里一向强壮、适应力强，有一天坚硬的外壳却突然裂了缝。这时人们就会说："他崩溃了。"另一个人没有暴露任何弱点，看起来似乎坚不可摧，那么这个人真的很坚强、足以保护自己吗？

我们之中，有些人韧如芦苇，另一些更似橡树吗？

还是其实两者兼备？

话说回来，究竟什么是真正的强大和脆弱？

脆弱是否真的意味着柔弱、易倒，需要支撑？是否代表着处在被连根拔起的边缘，更难以抵御生活的波澜？

我们会发现，现实绝非如此。

各个流派的心理治疗师都明白，个体在探求存在的意义时，心中会充满怎样的犹豫、矛盾、怀疑和波动。在这些人类内心世界的观察者眼中，每个人身上脆弱的一面，都在推动着个体进行内省，并且会随着内省进程的结束逐渐表露出来。这一面上的每一道蜿蜒、每一点凹凸，都是个体脆弱性暴露的痕迹，也印证着脆弱的丰富内涵。

每个人都是脆弱的，但这种脆弱究竟指的是我们身体里的哪一个部分？

我们生存和行为的障碍、深层的疑惑，许多都和自己的脆弱息息相关。作为一个心理面向，脆弱究竟有什么表现？

是什么使我们时而敏感、深思、忧郁、喜忧参半，时而动摇、羞涩、不满、感到疲乏，时而耽溺哀伤、又骤然变得欣喜若狂，时而感到震惊、纠缠于陡生的细枝末节，又或时而一身反骨，时而低眉顺服？是什么使我们依次、又或同时经历这些心理状态？

★ 安娜："生活中，我的自我感觉还是挺好的：我很独立，适应力强，能满足外界对我的期望，也对自己的现状很满意。但是，有些时候，当周围安静下来，我会感到悲伤、空虚，体会到一种难以言喻的缺失感。我想，这是因为我脆弱的那一面藏得很深，一旦露出苗头，我就无法自如地表达它，也无法阐述它。我很害怕我这陌生的一面，因为那些突如其来的情绪让我浑身难受。"

脆弱令人害怕。

每个人都有许多面向。我们的心理是一片高低起伏的原野，充满着压力和冲突。在这里，各种矛盾的力量并存，彼此叠加，或者此消彼长，彼此寻找、堕入无意识中，彼此相连、然后彼此断裂，想要求得化解、却总也无法达到。

在这些矛盾之中，我们首先要探讨的，是社会面具和内心真实之间的对立。多数时候，个体不得不隐藏自己真实的生活，以求看起来和周围的环境相适应。因此，即使是面对自己，也很难承认自己的脆弱,更加恐为人知;受这种奇特的恐惧所影响,个体深深地压抑着自己的脆弱。

为了避免暴露人前，人们选择戴上面具，不停演戏。

你隐藏了自己的脆弱

各种精神状况的表露往往被视为弱点，这种偏见使我们无法好好地认识它们的表征。

在日常语言里，“脆弱”这个词带有负面含义。人们普遍追求竞争力和社会意义上的成功，一系列相关的品质由此备受推崇；凡是与之不相符的态度和行为，都不被允许。如此一来，为了表现得合群，个体必须控制自己，压抑人性。

人的感性并不总能获得体谅，甚至可能遭到排斥。

在某些社会阶层中，顽强、沉着、在困境中保持自制被视为必须，这实际上排除了那些做不到的人；而越是被排斥，这些人就越痛苦。

以军队为例

要说最排斥脆弱者的社会环境，非军队莫属。然而，创伤引发的精神障碍和后遗症在士兵身上并不少见。目前，他们的症状都能得到良好的识别、记录和治疗。如何应对危险情境尚可训练，但如何面对剧烈的现实冲击是不可能单靠自学的，因为危险情境所引发的共鸣和影响无法预测。创伤后的反应是看不见的伤痛，留下的是难以磨灭的印迹。如果连自己都不了解自己的创伤，甚至反而为之自惭，又怎么能继续带伤前行？确实，军队普遍配备了心理医生，但对那些因难以克服的精神压力而变得脆弱的士兵来说，他们要面对的，一面是自我轻视，一面是心照不宣且如影随形的、来自他人的轻视。

社会高度推崇坚强、自制的模范，而对感性的一味贬低或全然不解加剧了这种片面的推崇，这带来的后果是非常危险的。人类忘记了自我，不再为自我而活，吞噬他人鲜活的生命，鄙视一切灵动的感情，变得丧失人性却还不自知。随之而来的是价值观的颠覆。到处是信用的破产和草率的评判，个人的勇气和冒险精神荡然无存。人们不但否认自己的恐惧，还要矫饰欺人，说是疯狂购物带来的压力。

马丁·斯科塞斯2013年的电影《华尔街之狼》充分展现了丧失人性、丧失一切感性所带来的后果。电影改编自一名证券经纪人的回忆录，讲述了追逐金钱的欲望如何使一个人走向崩溃。作为非人化的代表，电影里这个辛辣的人物形象令人不寒而栗，因为在他身上毫无反省意识，更遑论救赎。从始至终，我们看到的是一个捕猎者，粗鄙、讨厌、肆无忌惮、不知廉耻、沉沦堕落、枯槁空虚，依赖各种药剂、毒品来渡过人生的各个难关。他已经完全摧毁了自己的本真、自己作为人的感性，将这些通通献祭给了金钱的图腾；而对这一切，他全然一无所知。

在工作场合，如果表现得激动、腼腆、不安，往往会招致不信任。为了隐藏这些情绪波动，以免惹人不高兴，人们在面对外界时，习惯戴上一副面具：准备一个社交形象，力保不流露一分一毫的真实。即使面对亲朋好友，人们也害怕暴露真实的自我。由此，自我评价及他人的印象有多么重要，便可见一斑。这种害怕使人画地为牢，僵硬固化，只要体会到与上述印象“相悖”的情绪，就会产生负罪感。

★ 埃里克：“我很讨厌上司站在背后盯我的电脑屏幕，看我某个文档的进度。他在监视我，我却看不见他的脸。我确信他对我的评价是负面的。这种时候，我会感到极其脆弱，就好像一个被当场抓包的小孩，感觉有罪。尤其是，一想到他能看出我的不安，我就极其焦虑，我会不顾一切地掩饰这种不安。这些情绪来得毫无道理，让我一头雾水，我却要不停地和它们做斗争，我讨厌这样的自己。”

这种情况，是埃里克的不安在发作，这种不安十分隐蔽，由来已久，且越来越难以掩饰。这种情绪的源头是他的童年经历，负疚感更加滋生了这种情绪；而负疚感本身就是人类脆弱性的一部分。应当注意到，在这个情境中是有两个角色的：那个站在后面“监视”的人，又是出于什么隐秘的动机呢？对这个人来说，这同样是一个久远、原始、不断重复的情境；在这个情境中，两个人无意识地互相吸引，重新扮演起了各自的角色。

害怕被别人看到所谓的弱点，害怕因为不应在工作场合出现的不安而受到审视。这种害怕就此控制了人们。

人们认为不应该接纳自己的这种情绪，把它当成异常现象，而非某种具有深意的信号，更不设法探求它的深意。

你的脆弱是隐秘的

脆弱成了隐秘的所在。搬家用的纸箱上可以贴“易碎物品！小心轻放！”人却绝对不能堂而皇之地给自己贴这样的标签。没有人会公开宣称自己脆弱。

为了看起来轻松自如、从容不迫，我们学着隐藏那些世人眼中的人格缺陷。即使有人感到自己身上不具备这些社会所“必需”的品质，也不会让人发现这一点。他们要么揣着这个秘密待在阴影里（这种情况最常见），要么就想出大量的、有时甚至是强制的方法，以使“秘密不被察觉”。

人的感性就这样被藏了起来，就好像是一种耻辱或残疾，是一种无人承认的差异。

荒谬的是，这种感性一旦暴露在阳光之下，人竟会自觉好像一只夜灯下的蛾子！

在田纳西·威廉斯[①]的戏剧《玻璃动物园》中，女主人公劳拉身上体现的是从孩童向成人和女性过渡的困境。她的少年时期过得很苦，“内向、自卑……不断渴求缺席的父爱”，可想而知极端脆弱。她整日蜷缩在家，对母亲的关心或说教置之不理，后者则希望给女儿物色一个“可以照顾她的人”。因为曾经被残酷的现实伤害过，劳拉十分孤僻、有些“怪异”。她只是需要这份孤独，以便保护自己、沉浸在自己的幻想里。她整天照顾一些玻璃动物，它们奇特而脆弱的美正反映了劳拉的敏感。只要别人在场，她就惴惴不安，亟欲逃离。她想逃离的并不是人，而是此前加在她身上、使她备受伤害的人际关系。就在这时，她的世界出现了一个年轻人——弟弟的同事。母亲笨拙地设法引诱他做女婿。而劳拉感到这个年轻人被真实的她触动了，他似乎能够理解和尊重她的怪异和脆弱。尽管再三抵抗，她还是打开了心扉。年轻人发觉了她身上被点燃的火苗，急忙澄清自己已经订婚。劳拉燃起的希望之光立刻就此熄灭，只余满腔的绝望和孤寂。

① 田纳西·威廉斯（1911–1983）：美国剧作家，代表作有《欲望号街车》《热铁皮屋顶上的猫》等。——译者注

“劳拉的眼中曾闪烁着神圣的火焰，却如被一阵风吹熄了，只留下无止境的痛苦。”[①]

出于自我保护的需要，我们把自己脆弱的一面以及隐秘的不安埋藏到深处。从小，我们就在学习跟自己谈判，遮住那些似乎见不得人的部分，使自己显得强壮、优秀、健康、适应力强……也使自己免于被这些情绪掣肘、侵蚀甚或吞没。

当脆弱的一面表现出来，就会释放种种情绪信号：多情善感，心态不稳，情绪波动，疑虑重重，犹豫不决，面对考验束手无策，面对选择瞻前顾后。对大多数人来说，这一切都代表着弱点，都会引发怀疑和不解。

★ 格扎维埃：“在家人面前，我必须维持一个坚强的男人形象，能够带给家人物质和感情上的安全感。但另一面，我有时会觉得自己还是个小男孩，拿不定主意。我就会全权交给我太太，让她决定去哪儿度假、带孩子们玩什么、去哪儿旅游，诸如此类的事情。反正就是除工作以外的一切事情。就好像我是专为工作而生的，就好像我完全没有创造力似的。这总是让我沮丧和焦虑，因为每当我太太要我发表意见，或者指责我家庭生活不积极时，我就会感到一阵巨大的空虚。我就是做不到，就这么简单。可是一旦到了工作上，

① 田纳西·威廉斯：《玻璃动物园》，10/18 出版社，1995 年版，第 131 页。

我可以完美地做到自主，没有任何问题。”

对格扎维埃来说，工作使他心安，使他快乐。相反，涉及个人决定方面，他就会感到缺憾、停滞、令人焦虑的空虚。如此一来，如果他自己不能在私人生活中察觉，亲近的人也意识不到，那么他的脆弱就会被彻底忽略。

面具充当了维持表面安定和合群的工具。

当我们揭下面具，得知背后的隐秘，可能会陷入高度的恐惧：我会表现出什么样子？别人会怎么想？他们会作何反应？他们还会爱我吗？

而我自己，我了解自己真正的样子吗？我会爱我将要看到的这些吗？

这些都令人恐惧。

对有些人来说，脆弱是可见的。对另一些人，脆弱是内心的隐秘。还有一些人，他们对自己的脆弱完全一无所知。

有时，人们知道它存在，人们会怀疑；因为被压抑着，不能表露出来，它就只能在阴影里漂浮不定。但在内心深处，人们其实知道，他人面前的自己与真实的自己之间有多少距离。

脆弱的表现

情绪起伏

你不知何故，早上起床就觉得不舒服，一整天都郁郁寡欢。又或者，一件小事就能让你愉悦开怀，另一件小事也能让你心情跌到谷底。这可不是什么容易发生的事情。

你无法接受的一些事情，你为之痛苦、反复提及的只言片语，都让你十分敏感、容易被触动，甚至可能超出了应有的程度，也似乎超出了其他人的反应。

过去和现在的经历悄悄交杂在一起，情绪相互叠加，引起了一些意料之外的骚动！

雁过留痕，风过留声。过去和现在，共同在生命的深处留下颤动。人的心理如同地球的地层，由连续的分层构成：没有一块岩石会消失，旧的总在那里，作为过去时光的遗迹。

一种情绪，即便隐约牵扯到旧时的伤痛，产生共鸣，也可能引起强烈的反应。于是，痛苦会被激活，甚至加深。

你可能会被困在一个使你无法释怀的时期，即使周围的人都觉得“是时候翻篇儿了”。事故、意外都会直接触及某个敏感的区域、某个陈年的旧伤。在外界看来，这件事可能微不足道，但要从中痊愈却很费时间，因为那个不可能愈合的疤痕重新被揭开了，再度带来长久的悲伤。

★ 桑德拉："我怀孕几周后流产了。其实看起来不太严重，没有留下任何后遗症。但不知道为什么，在这之后，我被一种巨大的悲伤笼罩了。我觉得不知所措，也没有胃口。我的童年过得很不好，一些记忆的碎片时常闪回。再者，我的婚姻生活很美满，我想，可能我潜意识里害怕孩子的到来，害怕新生命会打破这个美妙的平衡，毕竟此前我从来没有享受过这样的美妙。"

流产以后，桑德拉心里的不同岩层被激活了，我们可以从中了解是哪些恐惧在作祟：人的心理需要一段时间的“服丧工作”[①]，才能继续向前发展；而桑德拉则需要相信自己有能力迎接新生命、展开生命的新篇章。

作为脆弱的个体，我们是内外世界的接口，通过感官接收

① 服丧工作（travail de deuil）：这一理论来自心理学家弗洛伊德。他认为，服丧工作会使人产生对现实的敌对情绪和反抗行为；当服丧工作完成时，人会感到精神解脱、再无禁忌。——译者注

和发出信息。我们就好像海绵一样，被人际关系渗透着。

这些由外而来的情感投射影响巨大。

对某些重度敏感者来说，从来没有心如止水的时刻，有的只是欣快和抑郁阶段的交替，大多发生在一天之内，有时甚至在一息之间。一次波动被称作“情绪升降机”。心情和节律的这种改变使我们难以保持稳定。一件任务完成，一次工作成果得到正面反馈，一次有趣的沟通使人愉快自在：这时我们会感到开怀、喜悦、惬意。没过几分钟，一个坏消息，一次希望落空，一段针对我们某个选择的负面言辞，就会使我们沮丧、难过，或者气愤、紧张。情绪波动的幅度过大，我们难以在混乱中寻得某种一致性。

我们的敏感来自和周围人的深入互动，来自我们和外界的关联，也来自我们与内心感觉的接触。

我们的心理状态建筑在流沙之上。有些人，表面上不为情感所扰，心境总是平和；面对与自己如此不同的人，那些情绪不稳的人，总会投以好奇、愤怒，时而又是欣赏的目光。

觉得自己和别人不一样

你曾经无数次地这样想：你的观点不一样，你的反应不一样，你喜欢的东西不一样，比起……别人！你觉得自己不一样，有时甚至完全格格不入！但是，这些“别人”究竟是谁？

这是人类的一大未解之谜：别人是谁？面对别人，我又是谁？别人是怎么看我的？他们怎么说我？他们有什么感受？这些问题我们无法回答。

被一个人叫作“别人”的是什么？是一个包罗万象的整体，每个人都会往其中投放自己的一部分沮丧或信念。

“对别人来说，一切看起来都简单多了！”

我们忘了，对某个人而言，每个人都是“别人”！以自我为中心的眼光使我们忘了相对而论。

很多人都想过：“其实这对别人来说更简单吧。”当然，这个想法完全错误。

之所以会有这种落差，是因为我们只能看到别人外在、表面的东西：然而，能使我们直接产生怀疑、感知到含糊所在的，是人的内在。我们只能看到别人的外部形象，看不到别人的内心。

再加上，我们喜欢在别人身上投射我们的愿望、期待、恐惧、幻想。既然这样，又怎么能真正认识对方呢？

别人使我们产生疑问和不信任，别人是陌生人，而且可能会一直陌生下去。

如此一来，忧愁之日来临了。在鼎鼎大名的“别人”面前，试问谁不曾在某次晚会中因为别人更加轻盈，或是在某次晚餐时，因为别人更加默契而感到这种落差呢？

谁又不曾感到笨拙、畏缩、孤立，如同误入天鹅乡的丑小鸭，被那恼人的孤独感笼罩呢?

★ 保罗:“我不喜欢参加那些全是陌生人的晚会,我总觉得所有人都很自在,除了我。我很难和别人对话。要是碰见同样落单的人,我还和他聊上的话,那么两人对话,我是可以的。我甚至会一直聊下去。”

“别人”是一个宽泛且危险的整体,而保罗不承认自己是其中的一员。对镜像和他者的寻找,使保罗打消了不安。在这个他愿意接受的聊天对象身上,保罗可以找到一些标识,就好像这个对象是保罗的一个副本。

然而,与他人的关系锻造着我们。因为我们是为某个他人而存在的,通过这个他人,我们意识到了我们的“自我”,并且伴随着我们的存在,不断打磨着“自我”的构建。“我”之所以存在,并不是因为有一个“你”。因为意识到存在着某个他人,意识到这个他人也会自称为“我”,孩童这才会感觉自己存在于他人之中,才会让视角偏离自我中心。正是在此刻,他才创造了一个虽不可见但确实存在的保护罩,以区分内(我)与外(非我)。“非我”是由他人的“我”构成的。对这些他人的“我”来说,我的“我”则属于“非我”。

意识到这个他人的存在后,一系列问题随之而来,迫使人采取某种立场:我要用这个他人做什么?利用他?服从他?讨好他?求得他的赞同?还是让他服从我?或平等相待?

若是囿于如此这般的求索，我们就难以在和他人的关系中获得片刻安宁。这种求索大多数时候是无声的：探求我们时常感到缺少的爱情、注目、兴趣，使人兀自无声无息地低回。

为了抚平自恋的创伤而去讨好他人，会带给自己前所未有的被爱、被环绕、被欣赏的体验。但同时，自己会怀疑一切：自己的某些品质，或接收到的爱的信号。

期待与现实之间有一段差距。而失望会使所有的人际关系丧失活力。

这个自己的巨大空洞也会令人孤立。对他人目光和评判的恐惧，会把人钉在原地。行动困难、生存受阻，都是焦虑的矢量。此时，对个人而言，外界成了一个审查者，禁止生存，一味强迫，逼着自己成为他人。

“‘我’是一个他者。”阿尔蒂尔·兰波在写给从前的老师的信中道，他尝试这样解释自己的新生。[①]

“我”不是他者认为的能够找到自我之处，“我”不是他者自我的展现，“我”也不是他者学过的当讲与不当讲。“我”无法简单地定义，既不能归结，也不能简化。

认为自己不靠谱、不值得他人信赖，或者相反，认为他人不靠谱、不如自己；不敢背离自己的路线，执着于一条被自己搁

① 阿尔蒂尔·兰波：《作品集》，口袋书出版社，经典丛书系列，2010年版，第313页。

置、抛弃的道路：这般认定生存在他人之中，会带来无数可能的后患！

风险之一是，我们可能会片面追求“更强”的表象，盲目拥护一种被视为牢固基石的可靠人格。

第二种风险在于，我们可能会遮掩自己、压抑自己，以免惹人生厌、引起冲突、被人抛弃、不再被爱或遭到排挤。

因为害怕惹人不快，社交和外表显得越发重要，这就催生了一种巨大的生存焦虑：真正的我是谁？当我们早已学会隐藏全部或部分的感受、心情，比如恐惧、快乐，当我们从小就被规定成为直率、可亲、不“惹事”的人，以创造最优条件，获得爱、关注和重视，或避免被抛弃和忽视，我们要如何才能学会认识自我呢？

过去，我们力图忘却他人或真或假的冷漠，要从中走出来，不啻是一场人性的战斗：害怕脱离他人的视线，代表一种强烈的焦虑；而被人视而不见，则是最为严重的羞辱。

“他人即地狱。”①

这句名言讲的就是我们和他人的基本关系。它阐述了我们所有人都曾有过的感受：我们之所以不满，是因为和他人的关系不够正面、友好、和谐。我们追求他人的积极评价，却难免碰壁：

① 让－保罗·萨特：《禁闭》，伽利玛出版社，口袋书系列，2000年版，第92页。

正是这些挫败使我们怏怏不快。

他人是一面镜子。当我们从这面镜子里看到讨厌的东西时，我们很难接受。

因为我们十分在意这种负面评价。就算看似翻篇了，它还是阴魂不散，刺激着我们：万一这话是真的呢？万一我们真的不如想象的那么好呢？万一别人说得有道理呢？我们对自己的理想化认知受到了打击。对此，每个人都有自我辩护的方式。

同时，与他人的关系也意味着寻求或妄想拥有针对他人的权利。我们可能永远都不知晓他人的想法，唯有时间的智慧，才能教会我们接受这一点。面对他人时，我们在进行一场控制权的争夺战，而每个人都自以为掌握了这段关系的钥匙。

时而感到如此空虚

你有时会感到一种疲倦、一种活着的痛苦。没什么能再使你提起兴趣，你探求起这一切的意义……内心的这种空虚实在让你难受，你领会到人生的荒谬和虚妄。这种情况下，你既没有活力，也没有动力。

当我们对人生意义的疑问得不到回应时，当生之欲望和死之瞬息相互冲突、令人乏力时，当我们对种种人生计划不再抱有积极的期待时，此时，是的，人们会告诉我们，这是在自我折磨，不能再这样继续下去了！

而在我们面前、在我们四周，回应有时是……一片死寂！

如果不断强调这些问题，甚至有可能使我们产生一种晕眩感，仿佛一切都是那么可笑，没什么意义……

我们日常生活的场景加剧了这种荒谬、宿命和不解的感受。

“无论在什么转折路口，荒谬感都可能从正面震撼任何一个人。”[①]

荒谬感使人消沉甚至崩溃：人怎么抵挡得了万事万物毫无意义的想法呢？

人一旦开始寻找意义，这种寻找就会成为他生活的中心：思考领航的方向问题，想要扎实的坐标以抵御重重波涛，被生存疑问的无尽潮汐冲刷……就这样，他驾着一艘“醉舟”[②]航行。

他焦急地等待着，切切地渴望找到一种意义。

有时，他看到了脚下的旋涡。那是对虚无的恐惧，是他忧惧的源头。

这个如此可怕的空洞，是一个平滑的深渊，令人坠落其中：譬如面对白纸的焦虑、面对应行之事和应决之策的焦虑。对某

① 阿尔贝·加缪：《西西弗神话》，伽利玛出版社，口袋书－论文系列，2009年版，第26页。

② 醉舟（bateau ivre）：此概念来自兰波的同名诗作，指的是一艘在大海中失去方向、逐渐被水淹没而“喝醉”的船。——译者注

些人来说，这种空洞也会表现为对真实、具体情境的恐惧症：如飞机、电梯、水等。

人生中荒谬的经历有时几乎使人难以忍受。

它可能使人害怕堕入抑郁消沉的地狱。自然，也不总是会堕入其间，但无论如何，一个个或悲伤或忧愁的阶段，都印刻着生存的苦痛，印刻着面对单调世界的苦楚——尽管我们本身就是由这个世界孕育的。

★ 诺埃米："有时候，我会感到巨大的空虚、消沉，觉得一切都是虚无、是笑话、是徒劳，脑子里盘桓着这些可怕的想法，几乎直到晕眩。要免受这个螺旋所害，要么我就求助外界，借助我的生活、我的亲友、我的活动重新找回自己的定位；要么我就诉诸内心，进行精神冥想。更确切地说，我在同时向两个方向努力。然后，这就行了。'充实感'又回来了。"

自我受限于种种影响，几乎没有回旋的余地。因此，自我既体现在自己身上，与恐惧、欲望、焦虑有关，而同时，自我又是一条向外伸展的天线，捕捉着外部世界的波。

两者之间有时没多大分别。在心理波动时期，自我被归结为同时涌动的两股对抗的暗流，一股针对充满焦虑的内在世界，另一股则抵抗充满不确定性的外部环境。

常常感到迷茫

你犹豫不决、改了主意，有时你完全没有主意，什么都拿不准。你并没有过上自己真正想要的生活，你所做的一些决定是被事件推动的，你觉得自己大部分时间都在演戏……或者你不知道自己是否走在正途上，你自问是不是本就不该做其他事情、用其他办法、去其他地方！

要定义自己可能很困难。我是谁？这个问题很大，不容易回答。不然，不妨试试看！

对自我身份的认知会有波动。它可能因生活或童年的影响而受到扰乱，从而不断发展，有时也会发生倒退。

在其深处，自我身份不断与各种怀疑做斗争。

我们从精神分析学的先驱那里了解到，我们精神生活的一部分对我们来说是未知的，因为它处在无意识当中。在这种情况下，我们要怎么才能知道自己是谁？

在这里，我们讨论的是存在的身份，也就是使我们以“我”来发言的身份，以及使我们基本保持恒定、连贯的身份。但这样说来，有些行为似乎并非出自本心，有些选择相较于我们的整体历程而言，似乎与我们完全不符，这又意味着什么？为什么我们有时会错得这么离谱？或者为什么我们明明挑了最优选，却没得到预期的结果？为什么我们不想让某个令人印象深刻的生活片段重现，却仍不知疲倦地一再提及呢？

一方面是令人眩晕的身份疑问：我是什么做的？我什么时候成了我，什么时候成了一个人？我还在扮演什么角色吗？有时我是真实的我吗？这“真实的我”是什么？从哪儿来的？当我愤怒的时候，当我不再任人摆布的时候，我还是我吗？或者当我妥协的时候，我是我吗？

我感觉自己是真实的吗？

另一方面，是关于外部赋予我们的形象的疑问：为什么我会说出自己的某件事？是什么脱离了我的掌控，甚至躲过了我的知觉，从我的身体里表达出来？

在这个问题上，我们有时会错把愿望当现实——这个著名的现实原则①，与享乐原则②全然相反，令人如此难以接受。为什么我们不愿意考虑我们所认为的“真相”？我们真的太沉浸于内心世界，沉浸于“我们的脑海”，于是就忽视了外界吗？

由于每个人都有许多投射，因此很难把真实与幻想区分开来。

公元前四世纪，柏拉图在其对话录《理想国》中，提出

---

① 现实原则（principe de réalité）：弗洛伊德精神分析理论的重要概念。指作为人格中理性部分的“自我”力图控制非理性的“本我”的原始冲动，使人正视外部的事实条件和社会现实状况，受现实制约。——译者注

② 享乐原则（principe de plaisir）：又称“快乐原则”，精神分析学的重要概念，与现实原则相对。根据弗洛伊德的定义，人的潜意识里像婴儿一样，具有满足自己需求的冲动，这种冲动在每个人内心深处形成了一种“追求满足”的固定需要。——译者注

了著名的洞穴寓言。他设想了一个情境：人们由于被囚禁在洞穴底部，无法获取知识。他们只能看到投射在岩壁上的阴影，而不能直接看到清晰和真实的世界。这些投影是他们与感官世界唯一的联系。

“首先，你是不是觉得，除了火光投射到他们对面洞壁上的阴影之外，这些人再看不到自己的或同伴的什么东西了？”①

一旦囚徒走出这个洞穴，他们就会觉得眼睛刺痛，仿佛要被阳光灼伤。之后，才会逐渐习惯，体尝知识和自由的快乐。

我们正好可以借助这个隐喻来讨论自我认识。除非经过一段辛劳难行的长途跋涉，接触到自己内心的迷雾，否则，我们看到的永远不会是对世界真实的想法，而只是这些想法的投影。

我们所说的这种主观性与个人的经历有关。我们对过去的加工和过去对我们的塑造，共同造就了我们。

但是说起来，我们做过什么？我们的过去又是什么？有时，我们需要接受一段难挨的过去，为并非自己所做的选择付出痛苦的代价。

① 柏拉图：《理想国》，加尼耶·弗拉马里翁出版社，1966 年版，第 273 页。

“假 我”

有时，自我认同也会被褫夺自我，这是因为发现或形成了一个“假我”。“假我”的概念由英国精神分析学家唐纳德·伍兹·温尼科特（1896－1971）提出。它指的是一种建立在社会和道德义务基础上的自我认同的表象，其产生源于迫切想要适应环境的倾向。由于“假我”间接地使真实的自我认同更少曝光，因此它起到了保护自我特性的作用。当“假我”造成过多的假象，而自我意识已经无法查探到它时，真与假就会越发分裂。自我认同会隐藏起来，不再显露，就此僵化，停止发展。

犹豫不决、拒绝表现、怀疑一切、逃避责任，这些都是自我认同模糊的标志。

这种对自己的不确定会带来一种不适、不可靠、无处参照的感觉，使人感到无法充实地生活、无法实现自我，而长久地为之痛苦。它还会给人一种印象：不能真正掌控自己的存在，不能真正做出个人选择，“像水面上的木塞”一样随波逐流，还不如把着人生的舵，驾一艘小船在海洋上摇摇晃晃地漂泊！

上述症状的认定固然很困难，但也不能忽略后续的治疗性重建工作，否则，会有严重的代偿失调[①]的风险。

★ 克里斯托夫："现在的生活不适合我，快要把我溺死了。我觉得自己成了这种生活的囚徒，就好像做选择的那个人不是我，就好像我变成了另一个人，就好像我没办法再为过去的选择负责。所有的事情都好像不受我控制，我觉得很痛苦，感觉自己孤单一人，没人理解我。我虽然身体在这里，但就好像是在别处。我不知道怎么找回我自己，只能借助毒瘾寻找庇护，给予自己填补内心空虚的幻觉……直到有一天，我盯着自己，突然觉得自己不应该让人生变成灾难。于是我决定重新开始控制自己。"

任何自主的人生都应追随这种轨迹：被引导做出自己的选择，重新考虑以前做过的选择。在成长过程中，个体会不断出现种种改变：一段休息过后必然跟随着一段更密集的时光，而前行的路线在一系列变动的决定和路径中悄然绘成。人生自己会思考。

吉约姆·高丽安的电影《男孩们和吉约姆》给出了另一个身份构建困难的例子。导演给用自己的名字给男主人公命名，

① 代偿失调（d é compensation）：心理学上，把用其他事物去代替自己的缺陷，以减轻缺陷的痛苦，叫作代偿机制。代偿失调指的是在应激过程中出现了整合功能减弱、适应水平下降等问题，甚至发展到心理崩溃的程度。——译者注

他要讲述的实际上也是他自己的故事。吉约姆和母亲很相似，也能完美地模仿母亲，可是这种强烈希望获得母亲认同的倾向，给他造成了特殊的麻烦，甚至像电影标题所指的那样，让他产生了一种与群体割裂的感觉。在母亲眼里，吉约姆和他的父亲、哥哥都不同；她把吉约姆归为同类，不把他当男孩看待。一头是与吉约姆关系疏远的父亲和男孩们，一头是吉约姆自己。那么他到底是谁？几乎是个女孩？还是个同性恋男孩？一个非男非女的个体？一个母亲的复制体？还是别的什么？导演拍的是一种自我认同障碍，一种对自我的找寻，这种找寻主要依托于性别特征的构建。无论考虑何种解决办法，都不可绕过一环：把他和母亲分开。他的人生选择，势必让母亲面对与她意愿相悖的现实，她不得不看到，儿子的表现与她长久以来形成的印象截然不同了。导演同时扮演了母亲和代表自己的儿子两个角色，这更是加重了观众的迷茫。

对自我认同的求索通过他人进行。首先，是亲近的他人，也就是家人：对他们来说我是谁？他们怎么看待我？他们给我贴了什么标签？他们的潜意识在我身上投射了什么欲望？

然后，身份构建会继续在更大的范围内进行，关于身份的疑问会再一次被提出：我从他人眼中的我身上看到了什么？我听到他人说我什么？他人对我的存在有什么反应？我把谁当成榜样？在别人身上，我看到了自己的什么？

感到自己错了位

你觉得自己名不正言不顺，你总是以为别人会比你做得更好，你觉得自己得不到承认，连你自己都不认可自己的价值，你觉得与所处环境错位、不适应、被排斥（你觉得你和这个环境有不同的社会准则）。你忍受着被排斥的感觉……

这种无所适从的感觉非常讨厌，有时还很顽固，难以排遣。

仿效着榜样进行学习，不利于人的创造性和个人探索，还会无休止地令人不快。贬低自己只会变得更加脆弱：即使获得了很好的结果，即使手中的文凭能够作证，即使成功了一次又一次，依然认为自己很糟、没能力、没资质。从此，会形成一种根深蒂固的印象：无论经历、经验、本事、能力如何，都觉得还需要更多的证明，从未做到很棒或还行，甚至觉得自己不正当。

★ 埃朗："我在一家公司疯狂工作，我的职位压力非常大，大到我完全无暇顾及自己的生活。我的工作日程和成果越多，我就越不满足。任务成功的时候，我没有时间高兴：我立刻想到所有待处理的文件，然后又开始被压力所迫。我觉得自己能力不足、水平不够，不断地感到心虚，但实际上，只看我的简历资料，纸上的一切都很完美。"

真实与真实感之间分裂了，这种分裂产生了混乱，这就是“僭越的感觉”，意思是说，感觉自己站错了位置、窃取了称号、缺乏“配得上”目前生活所必需的品质。这种感觉可能是毁灭性的，会诱使人去贬低自己，甚至自觉好像被缓刑的犯人，被绝望和负罪感所缠绕。因为觉得资质不足而感到有罪，就好像有别的什么人更配得上我们的位置，好像我们总是在冒名顶替、鸠占鹊巢。

人的自我意识很模糊；相反，人所占据的格子则轮廓清晰、条框分明。在这组矛盾之中，一种令人痛苦的想法产生了：自我意识永远无法踏进这个固定的框架，它是那么摇摆、晃动、变幻不定。

尽管如此，人还是会迫切渴望进入其中。有些人顽固地认为，想要做到，他们还缺少良好的生活规范和社会融入，不够处事机敏，不够能言善道。

“你的表征含糊不清，但却源自内心；还有另一个表征，属于够资格占据这个格子的个体（你可以宽泛地想象一下）。这两者之间有一道鸿沟。”[①]

一种不知缘由的负罪感弥漫开来，使人开始怀疑：“我有权

---

① 白兰达·卡诺纳：《僭越的感觉》，卡尔曼－莱维出版社，2005年版，第15－16页。

待在这儿吗？”“我不知道我做得好不好。”“我本来不应该的。”从这种与自我的艰难联结中，诞生了自我保护的欲望。

社会流动

在个人主义的社会中，每个人都作为唯一、独立、自主的个体进行自我构建，流动性产生并加剧了社会落差。社会中的位置不是一成不变的，每个人都应该找到属于自己的位置，然而，在群体中的流动使我们变得非常脆弱。

这种新的自由，即摆脱社会阶级束缚的自由，同时带来了抽中写满矛盾和困难的命运签的可能性。

这些冲突内化以后，会导致社会学家樊尚·德·戈勒雅克所谓的“阶级神经官能症”[①]。一边是不富裕的和/或个人所出身的其他文化环境，另一边是个人通过学业、联姻和/或职业所达到的资产者或知识分子所处的社会阶层，两者之间印刻着巨大的矛盾，有时是令人痛苦的。

别人比我好得多

你在某个人身上找到了自己欠缺的品质，然后就总是拿对

① 樊尚·德·戈勒雅克：《阶级神经官能症》，人与群体出版社，2014 年 5 月版。

方和自己做比较。你经常贬低自己，你认为别人会成功，会脱身，会顺利……你有时会被“我很糟糕、孱弱、一文不名”的感觉所侵蚀。你有些过于经常自我贬低了！

这种贬低伴随着自我蔑视，会折断你的羽翼。

显然，不是每个人都能像完美人士的标准画像一样，交游广阔，成就斐然。

若是相信此类画像，势必会增加因差距而生的愧疚感：愧疚于不能一直维持“最佳状态”，愧疚于没有在一家繁荣的企业里当一名光鲜的经理，愧疚于无法像本应做的那样“掌控”自己的人生。

我们的信息来源，充斥着各种有关成功人生必备品质的夸夸其谈，然而，这其实与每个人的人生正好相悖。

为了能与鼓吹的范例相匹敌，须得控制情绪，做到高效、出色、适应，交各色朋友，拿各种文凭，性生活美满，婚姻和谐，培养优秀的子女，创造一番事业，并最终在这个一贯“适合”我们的领域内取得华丽的成功……换句话说，需要自我与外界完美契合，符合对一个田园牧歌式理想世界的描述。

追求完美会使我们脱离现实。这种理想与现实生活不相符，却聚集了大把的信徒，并制造了一种幻觉。在这种幻觉面前，许多人自惭形秽，还以为其他所有人都能获得这种华而不实的幸福，除了自己！

为了梦想，大部分人需要这样一幅平滑的、没有痛苦的图画。

相信它的存在，使人怀揣终有朝一日能够到达的希望。

当然，甚至我们的身体也被理想推动着，提倡健美、年轻、苗条、无病无痛。然而，这种对身体和健康的集体理想投射到现实中，造就了一条条忍饥挨饿、瘦骨嶙峋的生命，他们全都一样，没有喜悦，也无生机。这是一场走秀：模特们形销骨立，面色苍白，脸颊凹陷，眼神空洞。这场大秀使我们充分领会了生存困苦的象征！

完美的理想使得儿童教育趋向标准化。然而，孩子生来就是成长中的自然生命，因此具备向前进化和向后退化的能力，并且充满创造力。可是这些因素不仅没有被考虑在内，相反，孩子的教育经常被简化为学校教育，后者要求孩子平稳发展，自始至终维持最佳表现。

这些要求不可能实现，却使有些人从小被束缚。这意味着一种巨大的内心痛苦。受困于此的人,要么一直默默地忍受痛苦，要么就毫无预兆地突然爆发。

★ 马克："我的父母要求非常严格，尽管如此，我还是能让他们满意：我走过的是那种经典的完美孩子的道路，就是那种在任何情况下和任何领域内都应该达到完美的孩子。没人知道我付出了多少代价，因为我很好地控制了自己的情绪，没泄露一分一毫。直到有一天，我崩溃了，我当时甚至没有意识到我撑不下去了。我去接受心理治疗，医生诊断我是倦怠[1]过后的代偿失调——我以前从来没有见到自己倦怠过。这次‘失控’之后，我开始自我重建，并彻底地重新思考我的人生。”

要回应超出常人的要求，代价是丧失生活：没有无忧无虑的自由童年，没有游戏，没有快乐，娱乐完全或几乎被剥夺。

完美的理想是如此珍贵，并且有时已经完全融合，所以就只能通过追求他人眼中的满足，才能体会到存在的感觉。与这种无法实现的理想混淆，会使个人建构变得无比脆弱。

想要抹去人生中的沟壑坑渠，追求平稳的精神生活，是不可能的。非常适应不代表足够平衡。“活着”的状态意味着不稳定的平衡。毫无波澜、极其有规律的精神生活并不是心理健康的标志。健康的心理应该是由围绕平衡点的无休止的振荡构成的。规律性出现的活力消退、沮丧怀疑，反倒能够使我们深入内心，去重新激活自己，更新自己，做出一些决定，重新思考选择。这恰恰体现了一种自我检讨、磨炼内心力量的能力。

“我们每个人都可能在某个时刻完全崩溃，这不一定是件坏事。”[2]

① 倦怠（burn-out）：又称“职业倦怠”“职业过劳”或“心身耗竭综合征”，指个体在工作重压下产生的身心疲劳与耗竭的状态。——译者注

② 希莉·哈斯特维特：《颤抖的女人，关于我的神经的故事》，南方文献出版社，2010 年版，第 96 页。

无法做出决定

你犹豫拖延，从各个方面反复考虑某个情况，你想了很久，你做了决定，行了，确定了，搞定了，这时候你又改主意了。即使日常生活里的小决定都是折磨，你在选择面前十分费劲，又不停担忧，你掂量着利与弊，仔细地权衡……有点太费时了！

在两方之间游离的感觉太令人不安了，而这都是因为要做一个决定，却不停踌躇，当时间一点点过去，却依然没有下决心！

行动困难和存在困难是一对概念，是不适的第二大组成部分。

我们的存在包括了行动。我们就是我们的行动，我们的行动也完全决定了别人眼中的我们：多么大的责任！

当代人是其存在的主人，他使自己的人生成了一件作品，这对自己而言是个沉重的负担，使他的双腿像灌了铅。他无法再用任何借口去躲避，再也不能指责社会枷锁阻止他做自己。

对于积极主动生活的义务，基本没有多少逃避的方法。毕竟，现在已经不流行执行预设的规则，前路也不再是笔直和固定的。

在我们所生活的社会，“规范的建立不再依托于罪疚和纪律，而是基于责任和主动”[1]。

这就是弗里德里希·尼采所说的主权个人。

---

① 阿兰·埃亨伯格：《疲于保持自我》，奥迪勒·雅各布出版社，口袋书系列，2010 年版，第 16 页。

这就是让－保罗·萨特的自由：做选择，创造自己的人生，采取行动……

多么大的责任！多么大的压力！我们面前那令人眩晕的自由几乎很少给我们带来安全感。我们对人生进行了全面的自我管理，以便成为一个主权者，成为自己的主人：多么令人焦虑！

在这片充满可能性的海洋里，如何确保自己的小船正常航行？还有，在此之前，如何获得一艘小船？一旦有了船，又如何确定自己选对了船？

虚无主义曾经是一个答案——不如说没有答案，给出这个答案的是那些看不到世界一丝微光的人，譬如，在他们看来，眼前的这个世界，绝望才是唯一的出口。

行动是必要的，个体的生命力推着他，运动和在这个世界自我实现的二重愿望引领他，让他行动起来。就在不久以前，社会和行为的阻力还在奴役他，要他服从既定的命运，而今，这些已经无法再阻挡他。

换职业，换地区，换国家，换配偶，同一个人拥有多重生活，这在今天已变得十分常见。变化成为常态，导致了各种恐惧症，比如我们熟知的：抑郁状态、各种成瘾、用不动或强迫症来弥补空缺并回应个体主权的要求。

这种自由，缺少真正的学习和必需的框架，最后带来了晕眩和爆发的风险。

“岸是河的莫大幸运，因为它被围着，而没有变成沼泽。”[①]

① 雅克·德·波旁－比塞。

一方面，变化导致恐惧和不确定；另一方面，必须采取行动，向前迈进。

无论如何，恐惧是必经的！

有些决定被推后了：确实，有时候很难离开、解脱、放弃。

我们犹豫不决，我们没有走这条路，我们为没选的那些而后悔，我们看着别人的成果。如何确定自己走对了路？作为不完美的个体，我们自觉在生活中糊里糊涂、没有条理，也无法做预测。于是，压力倍增，时间紧迫，推挤着我们。

之后就会怨恨自己："我总是摇摆不定，无法明确，永远停留在似是而非的切线上。"

梦想着离开，"抛开一切"，却又无法去实施，去决定……自己的脆弱性使我们生活在矛盾之中：一边想要留下，一边想要逃离。

行动如此之少，生活如此不满，长此以往，人会感到无聊和抑郁：习惯太多，冒险太少，降低了生活的趣味。

行动，就是在有序中制造无序，这种有序最后甚至以不完美的状态固化了。行动，就是背叛某样既有的东西，我们相信过它，但它已经裂解，或者已经不再使我们感兴趣。行动是要质疑旧的选择，质疑走过的路。行动是要放弃：我们选了一条路，其他的路就会关闭。只有投入一条路。行动，就是投入进去，是化为具象，并自我更新。说到底，行动就是活着。这恰好背叛了平稳完美的理想：行动，是接近真实，直面具体，放弃永恒的幻觉，离开依赖的安全感。

★ 阿兰："几年前，我碰到这个雇主，他帮了我，把我纳入旗下，教我怎么工作。现在，我厌烦了，我觉得我该离开了。考虑到我的经验，我已经可以另谋更高的职位。在这里一直做副手，这限制了我。但我很难离开我老板，我会觉得背叛了一个恩人。这个决定对我来说非常重要，我却无法拿定主意，我被困住了，我花了大把时间去考虑。我一想到要辞去这份工作，就非常痛苦，好像我抛弃了我的老板。我觉得特别愧疚，不这么做是好是坏。"

一边是渴望前行、进步、扩大行动范围，一边是怀念过去，依恋那些培养自己、提拔自己的人：我们必须从这种矛盾当中挣脱出来。那些使我们成长的人，我们恰恰应该离开，去过自己的生活，然后帮助年轻一代成长。这是生命的循环，其中蕴含了我们的结局，我们应该接受它。

但即使做好了准备，每个行动还是会引领我们走向未知。任何行动都会产生变化。行动的时候就是失去平衡的时候。

因此，行进的脚步由一连串的不平衡组成，构成整个运动的每一步都会打破平衡，然后重建，再次打破，如此循环。生命的进程也是如此，其中每一步都是一个象征。

总是怀疑一切

你感觉不稳定，也没把握。你对一切都有疑问，你对什么么都不确定。要是你不知道会发生什么，你就无法平静，你想做好一切预测和准备。不确定性使你害怕，你不喜欢未知。

学会控制不确定性是冒险之举，因为我们被卷入了一个快速变化的世界，被要求行动、选择，建设我们的未来，创造我们的人生。

此外，万物对我们而言都是相对的，我们不断和其他人联系在一起，包括那些在地理和文化上相隔迢迢的人。这些相互作用塑造了我们的心理机制、思想和情感。

例如，从未见过面、只有远程沟通的人之间，也可以有浪漫关系。近来，可能性已经成倍提高，但这种情况并不新鲜。19 世纪的通信关系或浪漫主义者的爱情已经向我们展现了幻想之爱的吸引力。

人际关系的联结与断裂都非常容易，有时甚至仅靠一条短信、一封邮件或社交网络主页上的一个词。

凭借所谓的“连接”工具，人们得以拥有广阔的视野，同时，自我怀疑的风险也很大。新的可能性或许包含着幻象，为了免受蒙蔽，为了保持人性，当代人应该进行斗争、自我质疑，进而确认自己的身份。

即使可能忙不过来，也有必要对信息进行筛选，在选项中做出选择。然而，两种危险在虎视眈眈。第一种是用带有偏执狂色彩的棱镜来过滤信息，用与现实脱节的根深蒂固的自以为是来筑起堡垒，这会使人与环境的关系变得僵化。第二种是，在乱七八糟的一片混杂里，人感到窒息，自我被淹没，但根据一种粗略的浅层理论，这也有个好处，就是可以对发生的一切进行鉴别。

小孩子才相信并且只看真理。成年人知道真理并不存在，现实有多种面向。

由于个体、家庭和社会经历的不同，每个人都有自己诠释世界的方式。在其选择和轨迹的交织碰撞中，个体不得不创造、发明、建立自己的价值观，如果他还想要适应世界，这套价值观需要尽可能灵活。

日常生活中，个体沐浴在多元化的生活环境里，同时承担着几种身份，这些身份有时是分散的——职业生涯、家庭角色和爱情生活。由于拥有几个身份，我们在从一个分区到另一个分区的时候，表现可能大有不同。

人生的道路上，处处是选择，所以处处是怀疑。这条路不可能沿着直线向前延伸，也不可能没有陷阱。然而，奇怪的是，很少有人承认这个明显的事实，仿佛每个人内心深处都期待万物在不断发展中演进。幻想“完美人生路线”，会给人生带来艰辛。之所以会有这种信念，是因为人渴望在面对人生时能够全知全能。唯有掌握，使人放心：乍一看，要接受人生的弹指一挥和变幻不定，似乎更加痛苦。

★ 维多利亚："我们的故事从高中开始。我们很早就结婚了。对我来说，夫妻生活是无上的幸福，我没有任何疑虑，我以为我们会一起走到生命的尽头。当女儿出生的时候，一切都还好。然后有一天，马克斯向我坦白他对夫妻关系的苦恼。我们谈过，决定做些小的改变，我以为我们解决了这个问题。事实上，完全没有，不久之后，马克斯告诉我，分开冷静一下会是件好事，他实在受不了了。我感觉天都塌了。我完全没想到。从那以后，我所有的脆弱都出现了：焦虑、孤独，完全丧失自信。直到现在我才了解一些事情。在我治疗的过程中，我很快明白，此前，早就有大量的迹象表明我们夫妻关系以及马克斯的变化，只是我并不愿意去看。这种盲目把我拖进了灾难，但也刺激我开始一场艰难却有益的重生！"

我们有时会把自己封闭起来：但那些冲击波依然会围绕我们、伤害我们。与此同时，我们加倍努力，尝试进行稳固的建构，并防御威胁着我们的风险和危难……而没有意识到，只有研究这些风险，而非避开，我们才会变得坚强。我们处在矛盾之中。

很难哀悼过去

你一提到过去的某些时期就会感到悲伤，你很难改变、很难离开某个人或地方。你很难跨越人生的各个阶段，你有点受困于过去，你不觉得对未来充满动力。

人类的心理被赋予了通过想象回到过去的能力。强迫性的不断重复、对永恒的偏爱、对变化的抗拒（尽管也有求新的欲望），共同构成了一个集合体，我们有时会在其中沉浸一段时间。

生命的历程包括暂时中断、阶段跨越、旧时光化作往事，以及年龄的变化，它会滋生其他的担忧和欲望。

在这段旅程中，我们时不时会哀悼，不仅哀悼逝去的人，也哀悼结束的时期、凋谢的爱情。

弗洛伊德给哀悼下了如下定义：

“现实的不幸证明，一旦所爱的对象不复存在，哀悼的情绪会使人丧失所有对其因恋慕而起的性欲。”[①]

但是，这种不再向外在世界投注力比多的现象并不是不言

---

① 西格蒙德·弗洛伊德：《哀悼和忧郁》，帕约出版社，小图书馆系列，2010 年版，第 47 页。

自明的，即使对象已经消失，对其依恋依然会因为一种巨大的阻力而继续存在。如果无意识间，专注于丧失之物的“兴趣”超过了从中解脱的“兴趣”，那么服丧工作可能会很长。设想自己回到从前，让曾经的苦楚倒带重播，重温、重写那段过往，专注地感受一会儿；是时候消化了，接下来要重整旗鼓，再次出发，去往新的方向了。尽管这一路，刻骨的痛苦都会如影随形。

现实原则时时在刺痛我们。因为当我们遭遇现实时，欲望就无法得到满足。这个原则是各股对立力量达成的妥协，但它并不是每次都能轻松奏效。

这就是为什么哀悼也许也能有利可图：哀悼使我们在一段时间内仍然活在过去的满足之中，使我们用虚妄的幻想延长了悲剧发生之前的时光。但是，我们永远被现实捆绑着，因此，我们也永远要面对失去之痛。这种真实 / 幻想的冲击重新被激活，成了哀悼的痛苦之源。幻想的力量减弱，真实逐渐归位，冲击才会随之减弱。

生命的每个阶段多多少少都必须经受哀悼的洗礼。首先是童年的哀悼，每个人都以自己的方式与之对抗着，看起来，它是每个人的人生大事！

最痛苦的哀悼之中，爱情的破裂就是其一。

★ 在恋情结束的时候，苏阿难以接受。这段关系最终以背叛画上句号，那苦楚无法轻易、迅速地消失。几个月过去，她一直沉浸在抑郁和忧愁之中。她谁也不想见，门也不愿出。

然而，服丧工作一点点地完成，生命的活力缓缓地重回她的躯体。享受余生的欲望越发恳切，忧伤的来袭逐渐减少。时间，是这个过程的助力，使人终于从哀悼中脱离。

总是生活在煎熬之中

有时候你会感到焦虑、不适，你感到孤单、阴郁，你不再积极地看待世界和未来，心理的震荡席卷着你，忧伤时时啮咬着你，让你难以重新振作……

这样的疲劳，对生活的厌倦，生存、行动、相信、共处的艰难，这些都是什么？危机来临的时刻，感到深度混乱的人会进入沮丧的阶段。

★ 若纳唐："虽然我非常高兴在一个醉心的领域内学习，我的学业进展也很顺利，但是，当我即将拿到文凭时，我突然感觉……没有勇气……找工作、离开家、变成成年人，仿佛这一桩桩重大任务对我来说很奇怪、不合适、太困难，而且非常非常遥远。我开始每天把时间耗在网上，求职的任务毫无进展，我觉得沮丧、疲惫。我迷失了自己。所以我决定迅速做出行动。我花了段时间去旅行，只为了偷得闲日，发现世界，激励自己。回来以后，我和朋友、家人

> 谈了很多，恢复了镇定，克服了障碍，并开始就业。然后我离开了家，过我的生活。”
>
> 在进入成年期的关键阶段，若纳唐被恐惧绊住了一阵子，但他凭借着生命力和活力，找到了适合自己的解答。一个人生活的孤独、未来选择的不确定性，让他心里没有着落。对他来说，与他人的关系成了他重新上路的动力。

来自群体的冷漠、排斥、轻视，或许是第一重焦虑：怎么能接受不被另一个人、另一些人重视呢？怎么能忍受被带往生而来死而去的虚无的恐惧呢？

与此同时，要怎么解释我们想要留下印迹、生而有价值的需要？

生而为人，就是要意识到痛苦，无论是今天的痛苦，还是童年的痛苦。不能逃避，也不能任它侵蚀。接受这内心的孤独。所有人都在受苦，却很少有人叫得出苦。

如果童年经历不能给人以安心感，那么自我认同的基础有时就极不牢固。但与苦难有关的是生命的本质。因为跨过的每一步都是恐惧的来源，所以多重的焦虑填满了人的存在。

意识到死亡的必然性已经足以使我们焦虑。但这还不是全部：要知道我们的生命如那悬在一发上的千钧，一切都随时可能发生，我们无法逃避年岁增长的折磨，我们的身体也躲不过事故和疾病；要知道我们爱的人也是一样……关于生命本身，当然还有关于死亡的一切，都只能成为焦虑的来源。独自面对这一切的痛苦、被遗弃的痛苦、失去的痛苦：实际上，人生的各个阶段都裹挟着我们直面生而为人的脆弱性。

焦虑是一个警报。在危险中，自我不再感到安全。这场战斗对他来说太苛刻了，那些固有的存在的恐惧，攻击他、淹没他。

这种焦虑不容忽视，也无法缓解。它代表一种深刻的人性。

“没有焦虑，人会变成什么样？艺术会变成什么样？思想会变成什么样？”[①]

意识到时间有限，如白驹过隙，使我们心情沉重。注意到现在的这一刻，它就立刻成了过去。就这样，我们的生命，如梭一般，飞速掠过。

还有另一种时间，它更长。那就是我们内心的时间，是我们赋予自己的无限生命。

生若蜉蝣，这既是前进、行动的动力，也是焦虑的来源。如果我们的生命是无限的，那我们必然会心无波澜、宛如死水。但是，为什么即使我们的结局早已写就，要我们接受它却普遍如此困难？我们终将走到终点，就像我们的前人都曾到达终点，而他们给我们让出了位置，就像我们必将让位给我们的下一代，当我们想到这些时，是什么萦绕在我们的脑海？为什么死亡的恐惧如此强烈？

① 安德烈·孔特－斯蓬维尔：《即兴之作》，法国大学联合出版社，批判视角系列，1996年版，第10页。

结 论

这一路走来，人生中的每一天、每一个面向，不同的时期、不同的阶段，或多或少，时急时缓，我们所表现出的一切，都在勾勒着脆弱的轮廓。

在怀疑的时刻、摸索的时刻、踯躅的时刻、“生病”的时刻，在各种时刻，你必定认识了自己。

因此，意识到自己的脆弱性，你或许会自问，是不是每个人都和你一样，这是不是让你变得更容易受伤。

我们每个人都是一台运行着的复杂“机器”。天生要用来思考、设计、回忆，要在未来和幻想中投影，要用所知所感建立内心的真实，要囊括寄居在我们身上的记忆、恐惧和欲望……

对幸福人生的单纯向往、对现实与愿望间的平衡以及意义的找寻、对我们诞生于世有何意义的求索、对找到人生方向的渴望，这一切，滋生了我们的担忧、恐惧、怀疑、动摇、拖延和不确定感。因此，总有一天，脆弱会影响到我们每一个人。

如果更深入地了解我们的生活和生存机制，我们是不是能够仔细研究一下，在我们的自我运作和构建当中，是什么造就了我们的脆弱性？进而了解我们这如玻璃般剔透而易碎的本质如何锻造而来，这脆弱性一遍遍地敲打着我们的人性，须得我们仔细会一会它……

第二部分

为什么我们如此脆弱

长大成人，就是忘记情不自禁地求知，忘记孩提时期如何度日——因为他虽有了力量，却也背负着弱点。成年的路上，一切都是狂风，吹向同一个终点：语言变得混乱，爱情满是缺憾，梦想慢慢腐烂。

——克里斯蒂安·博班[①]

① 克里斯蒂安·博班（1951–）：法国作家、诗人。——译者注

在我们自我构建之时，脆弱就刻下了它的名字。同样留下痕迹的，不仅有家族历史、集体背景的传承，还有我们人类的发展历程。同时，其他生命形式也在影响人类的发展，并与之共同演进。

我们的塑造、归置，写满了复杂性、相对力的拉锯、摸索和碰壁以及不断的进化与回退。生命最初的贫乏倘被铭记，就会引导我们，要我们自省：是否脆弱，是否依赖，与他人关系如何，与环境有何沟通。所有这些，都会被它蒙上恐惧和怀疑。我们天生贫困、依赖。那时攫住我们的痛苦，是对生存的呼唤。那几已作古的旧日中，藏着大量脆弱的孢子，只等来日一一炸开。

存在的意识伴随着某种“存在的困难”。一边是生存和适应的需要，一边是“是、有、爱”的欲望，每个人都试图平衡这天平。平衡却太难，可能直接通往脆弱，那么，究竟要怎么办?

身体决定了我们的脆弱

自我是一步步构建的

自我的构建分多个阶段，这使得自我能够体会其经历（需求、欲望和恐惧），并逐步巩固其结构。

每个阶段都包含几个时期：向新环境投入的时期；然后是实现和绽放的时期；到了最末一个时期，本阶段投入的圈子已经不够看了。要走向下一个阶段，需要一段急进，打破先前的平衡，触及下一个层次。

在从一个阶段进入另一个阶段时，人会获得更高的自主性。这时，必须离开既有的舒适区，丢弃掌控已知事物的满足感。这意味着要接受失去目前的所得、地位和平衡。人会在失去这份安逸的恐惧和更进一步的愿望之间摇摆，而这也是存在的一个基本要素。要摆脱过去的被动消极，就必须发挥进攻性，也就是外向的力量。长大成人的个体会逐渐成为自主活动的个体。

这场冲突是一条必经之路，我们通常会获胜，虽然或许是部分胜利。因为即使在一个极其困难、需要我们终身警惕和努力的阶段，我们也可以把一部分能量寄存在上游，那就是源源不断的希望。

★ 奥利维亚："我幼年经历了一次家道中落，直到进入青春期以前，我一直都无法接受。父亲在公司破产之后一直处在抑郁之中，我认为那是他的弱点，那让我感到一种刺痛的羞辱，甚至是恶心。长大以后，我在学业中得到成长，我的职业和社交生涯按照自己的期望进行。我找到了自己的道路，决心绝不重蹈父亲的覆辙。然而，我的感情生活是一片荒漠：寥寥几段经历，余下大部分是漫长的单身时光。可能是为了弥补孩提时萦绕我的羞辱，我的精力一直都完全集中在工作上。与此同时，一想到这个有缺陷的父亲形象，我就会被恐惧牢牢揪住，仿佛得要'拯救'我的父亲一样，而我却无法相信男人。即使是在我的专业领域，我也更愿意和女性共事。"

奥利维亚给自己建了一块禁区，不许与男人建立关系，就好像她在服从某个世界的观点，在那个世界中，"我只能靠自己"。

奥利维亚经历了不安全感和家庭剧变，由此带来的情感影响使她陷入了一种可怕的隐形恐惧，即重温童年的心伤。那时，沟通的缺乏、家庭的压抑，使她无法思考这件事；当然，也无法愈合她的创伤。父亲破产前的强大形象并没能抵抗住崩溃，破碎的形象最终让位于幻灭的怨恨。

为了实现进化，需要转向更大的影响区域。

的确，自我建构的圈子会随着时间的推移而扩大：

- 第一个圈子是一个非常亲密的环境，由照顾、喂养孩子并给予宠爱的身边人组成。身体和情感的关怀，对于生理和心理意义上的生存和健康而言都是必需的。在这种保护性基质中，婴儿与外部世界同化，并只与周围的人共存。这是融合同化的阶段。
- 第二步，外部世界依然由对孩子负责的人组成，但随着孩子自主意识的增强，周围的人开始转变为教育者：他会学习很多东西，以控制冲动、原始和无序。他按人们教的那样，学习什么该做、什么不该做，学习接受和拒绝，学习坚持和放手。这是向双亲学习的重现阶段。
- 第三步是学习家庭，然后是团体中的定位。这个圈子扩展到许多人，在和他们共处时，必须学会做自己，既不要被吞噬，也不会感到被抛弃。关系变得更加复杂，无条件的爱自此消失，孩子得知如果要被爱，必须符合某些标准。他正在变成社会动物。这是群体适应的阶段。
- 第四步，自我认同逐渐发展，在这个过程中，在与周围的人相处时，他要选择接受教育或建议的方式、希望发展的品质，以及想要接受学习的内容。此时他所处的圈子是整个社会群体，而对成年的他而言，挑战在于他对所在群体的融入及其贡献的质量。精神或人文的维度或许也会得到发展，为他的行为提供更大的气度。这是个人在世界上进行自我构建的阶段。

在不断磨炼眼光、丰富互动、使外部关系多样化的过程中，人会逐渐跨越每个层次。

环境或多或少会趋向灵活，并关注这种进化的需求。他也会有紧绷和痛苦，有时可能会因此封闭自我。理想的环境是不存在的。

除了此类朝向进步和未来的跃进，还有倒退的冲动，会推着主体走向相反的方向。如此，在面临重击、困难、危险时，退化的欲望会引导我们到自己的茧中避难，退到我们生命中最愉快、最安心的阶段。在退化最严重的时候，这种欲望还可能变得致命，使人想要回归无生命的混沌状态，幻想在那里能找到最大的乐趣。

“就像硬币有正面反面，我们身上也一直根植着一种回归出生前无实体的状态，这和死亡不同，是假定的生命之前的不变状态。”[1]

因此，两种运动总是共存：延伸和退化。我们的脆弱性因这两

① 弗朗索瓦兹·多尔多：《一切皆语言》，口袋书出版社，1990年版，第44页。

个趋向而不断滋长，且渗透进两者间的夹缝、犹豫、混乱之中。

我们梦想着并不存在的不变性。没有任何东西是恒定的，过去的每一刹那都和之前的不同。

我听到一架飞机在天空中飞过，在我写下这件事的瞬间，就已经听不到了。它已经过去了。在这同一个瞬间，在我身上和世界上，同时有许多其他事情过去了。

生命是不断的运动。

所以，每一次跨越都是一次动荡，导致失衡、不稳和倒退的运动。脆弱是内置于这些跨越之中的，一旦跨越成功，它就会变成一股力量；而如果难以跨过，就会留下脆弱的痕迹。

身体里的两种力量：死亡冲动与生命冲动

心理受到一种定律的约束，弗洛伊德称这个定律为重复冲动。弗洛伊德说，重复的本能证明了心理保护的倾向，这种倾向最初自动起作用，总是试图保持愉悦的状态：例如婴儿的重复进食行为，是为了获得令人满足的饱腹感，以平息对他而言难以忍受的饥饿和身心紧张。

这个重复定律会引导心理重现快乐。这很容易理解。但是，正如弗洛伊德理论所发现的那样，临床经验告诉我们，重复与快乐原则无关，也就是说，重复不快乐同样存在。

★ 斯特凡：“从一个故事到另一个故事，同样的痛苦在不断重演。我和一些个性很强的女性在一起，她们表达自己的体验、情感，有明确的期望。而我呢，和她们相比，我含糊、犹豫、茫然，置身事外。我被困住了。我觉得自己像个小男孩。一段时间之后，我逃了，因为我很痛苦，我无法忍受她们的责备和关注。我能感觉到她们非常失望，但我仍然无法克服我的阻碍、我的惯性。然而，让我感兴趣、受吸引的还是这些女性，因为我觉得她们强大、美丽，令人印象深刻。”

某种比斯特凡强大的东西侵袭了他，并推动他抛弃难挨的焦虑。他一直在重复一个场景，而只有当他了解了那些被压抑的东西时，他才能走出来。不停重演被一个强大的女性诱惑和不可避免地走向逃避，他想向自己证明什么？

为了明确这个不断上演的重复，应该对其场景中的所有要素加以考虑。

“重复的目的不是回忆，心理通过重温痛苦的情形来重现‘所有那些，从被压抑的源头释放出来的、已经渗透到他的整个人之中的东西：他的压抑、不恰当的态度以及病态的性格特征。重复是一种正在上演的记忆。’”[①]

一桩强烈的情感事件，无论积极还是消极，都会像笼中的松鼠一样，变成心理的循环，不知疲倦地重复这种情感，无论

① 西格蒙德·弗洛伊德：《精神分析法》，法国大学联合出版社，1989 年版，第 110 页。

是快乐还是痛苦。只要没有真正被听到，创伤就会不知疲倦地一直想办法发出声音。换句话说，重复冲动是指推动重现先前状态的力量，而不管那个状态是愉快还是不愉快。

现在，在暗处发力的是被后弗洛伊德的精神分析学家称为“死亡冲动”的力量。

这股以死亡本能为支撑的重复力量阻碍了治疗的努力。这对治疗来说是一种抑制。通过不断的关联、纪念，依靠关系、转移、对他人的信赖等，人们才能克服它。

死亡冲动和生命冲动相互纠缠。前者希望不惜一切代价（但是什么代价？）恢复平静，消除紧张，躲避退缩，这个过程伴随着欲望的减弱。生命冲动代表欲望的冲动，凭借着战斗所需的攻击性，促使人运动和行动。

两者是不断耦合的。所以，当要把某物向外投射时，攻击性会发挥作用。例如，吃东西就是摧毁要吃的食物。如果一个冲动没有与相对的另一个冲动耦合，就会引发我们的破坏性：要么是过度攻击，要么是一动不动，总之是完全的退化。这时就没有构建可言了。

“死亡冲动需要平静，而生命的任何组织都需要人忍受某种压力，这种压力之所以存在，是因为某些东西为了使自己不被驱散而在运作。”①

① 摘自安德烈·格林2007年5月1日在巴黎精神分析公司（SPP）网站接受的访谈，主持采访的是多米尼克·博代松。

生活的“正常”节奏是压力、紧张、得到满足，然后一段时间的平静、安宁，如此连续。如果生命冲动促使我们进一步寻求另一种平衡，那么此前的平衡就会被打破……因此，压力和冲突推着我们前进。正是死亡冲动与生命冲动之间的交汇分离，带领我们构建、设计、发展和复杂化我们的生活。

死亡冲动应当被理解并整合为我们的精神建筑元素的一部分。它包含我们脆弱的一面。如果让它占了上风，它会毁灭我们；如果我们引导它，它就是加固存在的一个组件。

摆脱未分化状态

前语言期

首先是不语者[①]：不说话的人。他是“之前”的存在：在语言建构之前，在语言之前。

“这是说话之前的个体。”[②]

那么问题来了：之前有什么？许多的感觉、知觉，以及一个共鸣的世界，所有的共鸣都未被理性、理解力和结构化思维侵

① 原文为拉丁语词 infans，可指：哑的，不会说话的人；不能正常表达、不够雄辩的人；还没学会说话的婴幼儿。——译者注

② 让－贝特朗·蓬塔利斯：《之前》，伽利玛出版社，2011 年版，第 113 页。

入，因此能被孩子充分吸收。

从胎儿阶段，心理就已经开始形成：在胎盘的保护下，胎儿保持着高反应性状态，吸收养分，捕捉感觉，感受味道，看和听。通过相互作用和同化作用，他在水性介质中与子宫包膜的内部相连。

出生后第一周是遗传学和生物学表达的时期。在一个有利于接受表达潜力的环境中，各种沟通会很快地丰富和展开这种表达。

生命冲动是一种与生俱来的、人所固有的本能欲望。遗传学、家族谱系以及因生命冲动而产生的家庭和社会潜意识，提供了潜在的生命力。其具体体现借由构成和运转的躯体和心理来实现。

然后，个人得到成长，和遇到的所有人区分开来，并将自己视为其他人当中的一员。

这个“我”存在于社会化之前、其他人之前，这个不语者，一生都跟随着我们。

语言之外

在生命的尽头，个体也可以回归非语言状态：声音颤抖，记忆遗失，思维熄灭。然而，个体仍然活着。没有语言，人依然可以生活。

在我们身上有一个主体，一个言语之外的“我”。一个缄默、原始、神经质、生物学的“我”，尚未被社会及其义务驯服的“我”。他不遵守许多法则，他满足于活着、存在和在场，只是参与一切。

我们主体生活的这个重要实体值得认可。我们可以把这部分命名为“动物部分”。这是生存的一部分，恐惧或安全的一部分，也是自由的一部分。想用语言表达一切是一种极权主义的尝试，是对这种需要沉默的非语言性的束缚。

“一切都有意义，我不认同这个想法，我认为这是极权主义。我不愿意被消减为符号帝国的一个主体。”[1]

我们永远无法了解所有东西，无论内部还是外部，不是所有东西都能被说明。这是自由不可分割的一部分，需要阴影以供呼吸。一种柔软、沉闷、古老的呼吸。一个生命的中心。

---

① 同上，第 114 页。

★ 苏勒达："五岁以前，我一直不肯说话。我还记得父母的焦虑以及我所忍受的医疗和心理检查，以确认我没有异常。我完全理解别人对我说的话，我能玩耍、画画，我熟练地运用自己的双手和身体，我在其他所有方面都在正常进步，但就是没有吐出一个字。我用手势来指明我想要的东西，我用身体和头的动作表达同意或不同意，我的家人对此似乎已经习惯了。我完全可以让别人明白我的意思。我一直认为，我之所以沉默，是因为我对周围、家里发生的事有基本的分歧。我不想合作，不想参与进去。"

个性

最初的未分化状态，体现为混合、内在、感性、"洞察力"，没有建立内外之间的界限。随着自我和非我的存在逐渐被意识到，以及反射形象中的自我认知，这个状态会一点点地构建。

在六到十八个月之间，孩子看着镜子里的自己，会突然意识到这个镜像的根源："我"和其复制品。镜像阶段[①]（由雅克·拉康[②]提出）重新提醒人们，这个对孩子来说欣喜欢腾的时刻有多么重要。这一刻，他意识到了自己的唯一性、独特性，而与此同时，他在精神运动方面的独特结构其实还没有完全确立。

① 镜像阶段（stade du miroir）：一切混淆了现实与想象的情景意识，被称为镜像体验。它是确立发生在婴儿的前语言期的一个神秘瞬间。——译者注

② 雅克·拉康（1901–1981）：法国精神分析大师，从语言学出发重新解释弗洛伊德学说，被称为自笛卡尔以来法国最为重要的哲人。——译者注

这个阶段在自我的构成中是最原始的。孩子在看到图像的第一眼就识别出：这是他的。

在与环境的接触中，一个微妙的外壳逐渐形成，使自我与非我区分开来。

精神分析学家迪迪埃·安齐厄[①]（1923–1999）把这个外壳称为“皮肤自我”。

皮肤起到隔离作用，并保护内部免受外界的虐待、入侵，如同自我及其防御机制。

皮肤自我负责一些基本功能，自我和皮肤的各种功能被放在一起审视和权衡：防御功能、维护功能、容纳功能、统一功能、保护功能、防兴奋功能[②]、个性化功能，以及表皮的交换、压力和敏感性。

人的身体有五感（感知外在和内在的东西）和心理（将这种感知转化为想法）。自我就是这种栖居人体的方式。

在发展过程中，感官体验经过一次分类：有些被激活，有些则被遗忘、压抑在无意识的大熔炉里。

与非我的交互数量增多，并服从一些心理上形成并内化的规则。渐渐地，自我在冲动的欲望和周围的回应之间找到了妥协点，并借此继续构建。

① 迪迪埃·安齐厄：法国心理学家和精神分析学家。——译者注

② 防兴奋功能（pare–excitations）：由弗洛伊德提出，指保护个体免于过度兴奋的心理机能。具体而言，是保护个体免于遭受来自外界的兴奋刺激，以免强度过大导致破坏。——译者注

自我的唯一性逐渐形成；其演变的不同时期之间存在连续性，且实现了彼此协调。个体被周围人认为有这样或那样的品质和缺陷。人与人之间的认识加深，通过行为或态度就能“认识对方”。

这种自我有时也难以构建。这时它会从外部寻找榜样，甚至试图“克隆”另一个自我，以感觉到存在，并缓解困难，整理自我与非我之间的分界面。

★ 威廉姆：“年轻的时候，我经历了一个完全混乱、没有条理的时期。每次我结交一个朋友，就会想在各方面趋近他：我模仿他，和他参加同样的活动，说话、穿衣都像他。严格地说，我投入了每一段新的友谊。而这位朋友最终意识到这一点，继而觉得我的友情很沉重。我频繁地被抛弃，然后我又会找另一个新朋友重新开始。我清楚地记得，我是真的想成为这个朋友，我确认过，我不想让我和他之间有任何差别。我太倒霉了。我终于意识到这是因为我与父亲的关系为零，我试图在外界寻找一个自我的证明，以免自己只能和母亲相依为命。当我和父亲的来往变得频繁，并见到了他的新家庭以后，我的难题逐渐消失了。我明白了他的眼里有我，当初离开时，他所抛弃的是与我母亲的伴侣关系，而不是我。”

这个主体需要父母提供自我认同的协助，才能自我成长。

祓除灾难的源头，自我从而形成，这似乎是不言而喻的。然而，这个步骤非常复杂，充满微妙的相互作用，并代表一种缓慢而逐渐的变态，后者可能造成潜在的脆弱性。

这个构建中的自我与外部世界之间的关系写满了困难，它指出我们的体内有一直在起作用的脆弱性，我们终此一生都需要对其进行加固。

自我的压力

自我是从最初毫无组织的混乱状态中锻造出来的，由行动记忆、经历和情感叠加组成。一部分是有意识的，另一部分则被遗忘。

为了进行构建，自我被若干强大的紧绷压力拉扯着，每一股强力都师出有名：本我、超我和外界，自我在这三个实体之间进行综合，寻求容身之处。在周围这些强力的中心，自我可能会显得很弱小。

构建自我，能够在本我和外在现实之间充当中介。初期，孩子服从父母的规则，他依附于供养他的人，如果离开他们则无法生存，因此并没有真正的选择。服从这些规则，孩子得以组织自己的生命能量和情感投入，内化人类文明创立的法则，即禁止乱伦的基本法则。

通过内化这些规则，他丰富了自己的内心世界，并到达符号领域。凭借这个新的领域，他就能通过另一扇门，即语言、智能、艺术，进入真实之中。

无意识：幽暗的大陆：

在掌舵人生的旅程中，我们并不完全孤单！与既有印象相反，意识并不是这艘船的主人，意识也不是万能的。我们最好要知道，许多种力量都压过我们，但也不必害怕接近它们。为了得到充分发展，个体可以学着认识这些在他大部分行动过程中主宰着他的力量。了解它们，领会它们，将它们转化为动能，以获得心理生活的自主和开放。

无意识又叫作“本我”，这个概念由弗洛伊德提出并加以发展。

组成无意识的精神元素也有许多并非来自个人生活。荣格[①]首先提出了集体无意识。

个人无意识或本我占了我们的位置

本我包含原始的冲动、无组织的世界，这个世界由生命冲动、甚至生存冲动驱动，苛刻而恐怖，是无意识的强大动力所在。

要到达本我的世界，只能通过类比、隐喻、联想和梦境。

① 卡尔·古斯塔夫·荣格（1875–1961）：瑞士心理学家，分析心理学的创始人，现代心理学鼻祖之一。——译者注

本我的一大部分仍然是无意识的，只有当它达到意识水平之上时，我们才仅仅能窥得它的一小块。

一个著名的比喻是这么说的，人的精神结构恰如一座冰山，按比例来看，本我是冰山被淹没在水下的巨大部分，有意识的自我不过是海平面上肉眼可见的那一小部分冰山。弗洛伊德说，相较对占主导地位的本我，自我显得弱势，且极少能够掌舵。梦境是本我的表达，有时候有的梦看起来如此奇怪，使我们意识到我们身上的某个内在世界。这个世界我们全无了解，它有自己的语言，会用那些不寻常、又非理性的图像吓我们一跳。实际上，本我有一些理性，但大多数时候，自我都在试图忽略它。

“‘我经历了……’这句话只在有条件的情况下成立，它只表达了下述基本真理的一小部分：人类的存在是由本我经历的。”[①]

本我由记忆、情感等精神生活的元素组成，它们会向下沉，沉入意识的阈限以下。然而，我们三岁以前的大部分经历几乎被完全遗忘，已经进入无意识的区域，并且再也不会出来。对很多人来说，人生头七年都被健忘症纠缠，这个时间甚至还可能更长。那些年月包含了我们此生第一次探索的种种印象（“为什么我不记得第一次看大海的事？”），对未来非常重要的种种互动，帮助我们形成机制、习惯和信念的种种情感，是如此强烈、

① 乔治·果代克：《本我之书》，伽利玛出版社，1992 年版，如是系列，第 20 页。

如此基本，那么，我们经历过的这段时间到哪儿去了？它已经成了在无意识的昏暗海洋中盲目航行的船帮，不过，它也依然是现在许多情境的源头。

★ 雅德："我一生中，曾经有几次发现自己不得不在两个非常重要的选项之间做抉择。因为我没法选，所以这种情况很快让我难以忍受。我永远在犹豫,拿不定主意。直到有一天，我同时开启了两段爱情，那个时候，我告诉自己，再也不能让自己再一次左右为难了。我总是摆脱不了"二"这个数字。就在那时，我突然明白这跟我的童年有关：我在两个家庭中长大，因为我的父母分开了，他们分摊对我的监护职责。两人都不愿放弃在我的教育问题上的优势话语权。两个家对我都很好，却非常不一样。我想我经常感到身在冲突当中，感到分崩离析，但我对此没有记忆。"

雅德压抑了自己的一些记忆，有关她被卷入家庭冲突的那些记忆。因为这样一来，她就不必再做出选择，毕竟她从来就没有偏好，两个家庭她都想要。简单地说，她的无意识为她发声了，经常让她回到这种二元的状态，好像是为了刺激她摆脱仍然在她身上的冲突。了解了与童年的联系，雅德终于可以揭开深层次的问题，并通过处理这个联系，摆脱重复出现的两难场景。

为了能够适应，一大部分的本我冲动不得不被自我所遗忘：

这种抑制，是用以保护自我的强大力量。

事实上，只有在压抑一部分本我冲动力量的条件下，自我才能适应教育的要求。我们可以在小孩子身上看到例证：起初他会用哭喊来表达愤怒，以期立刻使欲望得到满足，渐渐地，他可能开始会为此等待，会用词句说出他的愿望，甚至可能会放弃或是变换这个愿望。

因此，本我是未知和无意识的，是压抑的对象。这种压抑服从社会和自恋的需求，但是，就像弗洛伊德描述的那样，被压抑的对象总想强行侵入，意图颠覆，同时，会有大量的心理能量被用于抵抗其回归。

被压抑的东西绝不能东山再起，因为根据意识的判断，这可能导致内疚和内心撕裂。其实，被压抑着的本我冲动，一直反对各种学习和传承而来的戒律。

“被压抑的东西不会消失，它不会留在原地，就这么简单。它被逼退到某个角落，在那儿对它不够公道……它也会感到局促和不利。”[①]

因此，当被压抑的东西到达意识领域时，它必定是经过一番激斗，才从裂缝中开出一条道来的。裂缝是刻意准备的，例如出于治疗的需要而给它提供可乘之机，治疗过程既负责刺激

① 乔治·果代克：《本我之书》，伽利玛出版社，1992年版，如是系列，第63页。

它，也会安抚它。

那么可以说，被压抑的东西给意识带来了一笔巨大的财富：一股强大的生命力量，一种富于创造力的知识来源，并能使意识的运转变得灵活和自由。

荣格的集体无意识与符号象征能力

荣格认为，无意识的内容不仅仅是由如前所述因妨碍教育的欲望受到压抑而产生的，还有别的：它们从未在意识中出现过，并且为全人类所共享，无论它们属于何种文明。这些充满能量的心理现象形成了集体无意识。

集体无意识由意象、符号、功能和表征组成，由每个人所共有，且包含在每个人的想象之中。我们共同和普遍的无意识中塞满了各种主题或意象，适用于我们的个人经历、生命体验和觉醒过程。这些意象在艺术作品中被广泛使用：老人代表智慧、知识、传统，年轻姑娘代表未来的女性潜力等。

我们的梦成了符号的载体，或是普遍符号，或是个人符号，随每个人的故事而变化。

集体无意识是一个较深的层次，与个体无意识并存。荣格认为，人类的精神不仅是个体的，也是集体的。

“集体心理包含了心理功能的‘下层部分’，即根深蒂固的部分，它通过无意识行动得以展开和表现，这个部分继承并呈现在每个人身上，因此是个体心理中非个人和超个人的部分。”[①]

这是同神秘的深层空间的接触，是我们所面对的一个广阔无垠的世界，从我们出生起，它就浸润着我们、依附着我们、在我们身上扎根，同时，又完全超越了我们，不以我们的意志为转移！

我们越是深入它，无意识的谜团就越是难解。置身其中，我们迷失了，我们的理性和意识生活的定位全无用武之地，就像身处一片迷幻森林，处处是恐惧和美丽、危险和惊喜，却没有任何灯光能使我们把周围看清。

在这个充满象征意象的世界，我们对它的理解方法和尝试，将是一条奇妙的道路，可以帮助我们提出存在性问题，探究人类在这片空间中的地位。

荣格解释说，这种无意识自发提供的意象来自人类的宇宙性，尽管无意识本身并没有思考；这毕竟不是它的作用。这就是我们对它所做的事情，我们的思想、理性、价值观就是用这种方式来对待无意识，以使它变得可以接受、易于教育。我们就是这样利用对无意识的理解，使它成为或积极，或相反极具破坏性的存在。

---

① 卡尔·古斯塔夫·荣格：《自我与无意识辩证论》，伽利玛出版社，1988 年版，口袋书－论文系列，第 65 页。

通过对梦的研究，我们得以更近距离地探索浸透在我们心理之中的这种无意识。我们的无意识充满了许多伟大的原型，它们来自人类的集体冒险，将这个共有的躯干联结起来。

★ 热雷米："在我的人生发生一次巨变以后，我觉得有点怠惰、没有精力。我很难重新找回自己的特性。不过，在这段时间，我做了一个对我来说起决定性作用的非凡的梦。在梦里，我看到自己打扮得像个遥远国度的国王，并接受着臣民的稽首。他们怪异、低贱、惊慌，献给我一些我用不着的难看的厚礼，还卑微地对我笑。他们当中有叛徒，但我不知道是哪些。我很不舒服。突然，一个带着刀的人进入宫殿，杀死了所有人，把我锁在地牢里。在那儿，我得听从他的命令。这次，轮到我不得不匍匐、叹息、哭泣，就为了能得到一小块面包、一点点水，为了能出去见到太阳。这个梦持续了很长一段时间，印象太强烈、太深刻了。每次我醒来时，脑海里还充满着梦里的景象，我把它记录下来，然后思考了很久、很多次，终于明白了它的意思。

"在这个梦里，我同时占据两种相反的立场：一方面，我是一个国王；另一方面，我是一个奴隶。这个梦告诉我，我搞错了。在我展开新生活以后，我下意识地相信一切都会改变，会完美地进行，然后我就无须花费额外的努力。事实上，并非如此。我觉得很孤单。为了自保，我告诉自己别人完全不做努力，也没有人关心我。所以，我没办法行动起来，做出改变。我错以为自己是一个国王。但实际上我只是一个糟糕的‘臣民’。

“之后这个让我印象深刻的奴隶地位则告诉我，我必须走下王座，必须找到另一条更谦卑的道路，才不会感到如此堕落和无助。”

热雷米的梦使用了一些原型符号，例如国王、奴隶。这些意象令人印象深刻，会使心理做出反应，因为这些意象直接来自集体无意识。

与心理世界的集体形象建立联结很重要，但同样必须做到的是，不要完全与它们同化，要有底线，有保留。否则，它们会在主体身上引发越发广泛的异常兴奋和无所不能感，并产生一种统治欲或动摇感，并且无法区分自我和世界。

个人无意识和集体无意识构成了我们心理最重要的部分。这些力量比我们强大，并且彰显着我们生活中的情感活动，能否将其融入我们的意识，决定了我们将变得脆弱还是坚强。如果我们低估或拒绝自己的无意识部分，我们就会成为它的玩偶，并且变得更加脆弱。

负责自我评判的超我

大约从五岁起，人真正开始内化规则：这就是超我的形成，它直接来自所受的教育和象征法的整合。这种有意识的超我，使人得以在真实、在人类当中生活，得以通过整理授权和禁令，构建模拟行动的地标，从而平息来自本我的破坏性或苛刻的冲动。

自我作为内在与外在之间的分界面，可以依赖这个超我来引导它适应周围的世界。

除了开明的超我（意识超我）之外，有时会出现一种无意识中的“专制超我”，它会强加一种无情的法则，比支配人类生活的法则更加苛刻、更加邪恶。它促使人行动，同时加诸禁令，它评判，定罪，制定自己的法则，独裁、残忍地规定好坏，全然不考虑适应现实。它有三个功能，三个矛盾而专横的功能：命令，审判，抑制。

“专制超我的过度行为：它审判（过度禁止），命令（过度激励），抑制（过度保护）。”[①]

过度的超我，先是推动自我为获得享受而行动，然后用最

① 胡安－戴维·纳西欧：《精神分析学的7个关键概念讲解》，海岸出版社，1989年版，第202页。

严厉的惩罚判处同一个自我，最终抑制这个可怜的自我，使它感到强烈的内疚，此外别无所能。

这种超我非常强大，因此具有抑制性，它的构建超出了适应性的必需范围，使自我处于混沌状态，限制了自我的表达和存在。

这个超我暴君从哪儿来？

根据精神分析学家胡安－戴维·纳西欧的说法，专制超我是早期创伤的遗产。

正常的禁止，是告知、制定、解释、引导，通过话语和正确、温和、建设性的感知，才变得可以触及。

而构成早期创伤的禁止是粗暴的、嘶吼的、无法解释的，明确的、专横的、不可挽回的。它制裁并切断生活的势头。它不允许申诉，任凭自我枯竭。早期创伤是对心理生活的一个打击。

随后，一种莫名的、压抑的内疚，开始在无意识中漫游，四处纠缠，滑进任何行动、呼吸之中，紧紧地黏着。

没有创伤时，必须好好阻止压抑回到意识当中，以确保自我的完整性和协调性，并保证自我与外界的良好合作和适应性。但只要稍加宽容，并了解潜藏在下方的活动，无意识就无法收服，因为它越是压抑被表达，对外在的需求就会越强烈。

心理上的痛苦是防御系统的一个漏洞指标，要么是无效（放任太多被压抑之物进行表达，使生活变得困难，这样我们就必须对抗不被克制的内在），要么是太严（它扼杀了自我的任何表达，用使人内疚的约束性规则异化了自我）。

“由于冲动生活的要求和与之对抗的抗力发生冲突，人类生病了。”[1]

为了避免痛苦，自我会创造一种症状，以满足本我的冲动要求，满足阻止被压抑之物回归的尝试。这种症状表现为一种短暂的反应，往往会重复出现以摆脱痛苦。这是被压抑之物的残留。它一方面掩盖禁忌的冲动，一方面又予以满足，后者也是它的次级获益[2]。这是自我保持平衡的反应，自我试图在意识的范围之外遏制非常痛苦的体验或过于强烈的质疑。这些机制都是无意识的。

★ 八岁的埃德蒙被失眠性偏头痛困扰了大约一年。在目睹父母的一次激烈争执之后，他出现了这种症状。在这个受惊的孩子的想象里，他相信父亲真的会杀死母亲。从那天起，他的无意识提出了这样的要求：你不能睡觉，以便在出事时拯救你的母亲。这种恐惧从未被表达出来，它存在于争执必然导致致命后果的信念、以及他是母亲的拯救者的想法之中。因此，他将自己置于父母夫妇之间的范围，承担起一个不属于孩子的角色，并在幻想中把自己当成了夫妇

① 西格蒙德·弗洛伊德：《精神分析学新讲》，伽利玛出版社，2006 年版，法国新杂志系列，第 81 页。

② 次级获益（b é n é fice secondaire）：指个体从自己的心理疾病中间接、无意识获得的积极影响，与“初级获益”相对，后者指直接获得的影响。——译者注

的分离者。如果意识到这些，自我是无法忍受的。简而言之，自我成了囚徒，困囿于幻想的本我（非常害怕出现注定不幸的早期情景）和孩子视角的现实（他必须保持孩子的视角，否则父亲——超我——会很不高兴，引发阉割情结[①]）之间，别无他法，只好制造偏头痛的症状，使他在夜里保持清醒“以防万一”。这种症状的出现迫使他的母亲来照顾他，使他获得父母的关注，引起父亲的焦虑（避免由将其想象为杀妻者的可怕想法所导致的愤怒）……

一切都想好了，但只要缺少一个阐明的步骤，这个症状就可能会永久存在。只要没有说出来，就会一直持续。如果它被发现了，那么潜在的恐惧和欲望就可以得到表达，从而使心理获得安宁。

适应现实

自我就是如此通过跨越若干阶段构建的：学习真实，适应外部世界，艰难地平衡内在性和来自冲动世界的种种感觉。

第一层关系是与亲密的周围人群之间的，由旨在教育成人

① 阉割情结：弗洛伊德精神分析理论的一个概念，指在生殖器崇拜阶段（3~6岁），儿童由于喜爱异性父母而与同性父母发生情感冲突，个人无意识中时常无缘无故地有被切除性器官的恐惧。——译者注

的互动组成。然后是对待挫折和满足的关系，其中根据价值观、文化的不同，刚性和灵活性错综复杂地交织在一起。在这团纠葛当中，各种投射找到了支点，这些投射大多数时候是无意识的，是下述教育的要素：首先是父母，但不仅仅是父母。

孩子被捕捉、联结、融入复杂的沟通和极强的符号当中。他听到期待以后，会迅速尝试回答或不回答，又或拒绝。他有说“不”的时候。

存在于他周围、投射在他身上的价值观、想象、欲望，都植入了他的体内。

人们对他的看法，人们所希望的、刺激的、没有看到的、不理解的、理解的：这一切都会把他变成独一无二的个体。

所说的东西、与字词的关系（言语的），没有说的东西（非言语的），有意识，无意识，都沉浸在复杂的纠缠之中。

从周围人身上，每个人都会得到一定程度的支持、鼓励、夸耀，同时也会遭遇一定程度的冷漠、疏忽、误解。

每个成年人都计算了他本来希望或应该接受的程度，并评估这个底线与他认为事实上接受与否之物之间的关系。这种比较通常会带来沮丧、遗憾、苦涩，甚至愤怒或内疚……这过剩或者缺乏，定义了大量后续的情感活动。

然而，错综复杂的孩子会赋予自己一条轨迹和对自我的要求：维护他的完整，减轻压力，保持忠诚，保护他的心理，强烈渴求与外界沟通，以及由此产生恐惧；同时必须适应人们对他作为未来的男人或女人所提出的要求。

这份真实，他必须相继整合、内化和远离，他或是解释或是无视，或被缠绕或者逃离，终其一生，它都会不停地向他抛出问题。

★ 埃米莉："作为一个孩子，我有在梦里和想象中逃避的强烈倾向，我会构建自己的一些空间，有时候会和一些朋友分享，这深深地吸引了我。我的父母为此非常担心，因为我极少投入具体的考虑或者学校的任务；除非它们要求主动性和想象力，这时候，我就能做得出类拔萃。然后，我很难把自己融入职场，没有什么真正让我感兴趣，我没有目标，没有投入，像一艘在职场的海洋上漂流的小艇！直到我决定转入艺术领域接受训练，这对我来说是一次启蒙。我可以根据自己的感受进行创作，并把真正的能力和我丰富的想象力联系起来。这下我感觉很棒。"

每个人都有自己与真实联结的方式，必须找到它。并没有适用于所有人的方法。

欲望的构成与解构

什么是欲望

欲望是来自内部的能量、生命力。它被推向外界，被引向未来，赐予用来行动、通向世界的翅膀。它是我们生命的力量。

矛盾的是，这种能量也构成了我们的脆弱性。

事实上，它没有结构，没有理解，它是痛苦的根源。

这是因为它的力量：欲望产生于冲动世界，而不能就此获得满足，因为它会遭遇外部现实，从而破坏人的快乐。这一现实可能会使人恐惧。

恐惧抵消了欲望。

面对真实的恐惧和欲望，这两个元素的综合，构成了我们的行动，即我们与世界的关系。

如果恐惧比欲望更大，并且扼杀了欲望，那么人就不可能采取任何行动。

真实的意识限制欲望，赋予它形状、给予它可能，如果欲望没有受真实的意识压抑和修正，那么它最终会导致不成熟的、灾难性的冲动释放。

因此，欲望和现实在综合中汇集在一起。正是这种妥协使我们得以社会化，人性化，建立我们的生活。

欲望的构成

从童年开始，自我就学会了引导其强烈的感受。在他的冲动得到组织以前，深藏孩子体内的暴力服从一种苛刻的冲动，无法转化为行动，于是有破坏性的风险，成为巨大的内疚之源。

欲望需要表达、理解，需要另一个人倾听。欲望依靠语言从暴力中获得解放。然后，它被放在一定的距离之外来观察；它的表达就成为可能，可以被分享。

“欲望，是内心无声的本我，它不可避免地要求向外表达。”[①]

① 弗朗索瓦兹·多尔多：《一切皆语言》，口袋书出版社，1987 年版，第 93 页。

当欲望无法自我构成

欲望的形成可能会遇到困难，需要抵抗影响、禁忌、矛盾、阻碍、否认。

如果欲望没能在有利的背景下充分表达，它的命运可能会导致两个陷阱：

1）至少表面上，欲望会枯萎甚至褪色，因为它被堵塞、阻止，受到很大的抑制（例如在创伤性经历或者巨大的恐惧之后）。然而，没有欲望，世界似乎变得乏味，对生命的渴望减少，导致抑郁症。此时，欲望如同摇曳的火焰，变得虚弱，导致远离尘世、失去能量。

2）欲望可能变得专横、无法控制，因为它遭遇了难以抑制的、有约束力的重复性力量。欲望不停地等待满足，永不满足。它导致强迫行为，有时甚至造成危险的成瘾。

在这两种情况下，个人都会感到空虚：他不断逃跑，或者毫无保留地投入其中。有时两者共存，造成一段连续的兴奋和抑郁的时期，并产生一些沮丧，最终导致无力享受生活。

★ 利昂内尔："我意识到在生活的许多方面我都表现得有瘾症。比如，我把几乎所有空闲时间都花在网上，无法自拔地沉溺在游戏、购物和社交网络中。这种和网络的连接悄无声息地在我的生活中占据了巨大的位置，危及我的婚姻，使之变得岌岌可危。意识到这些以后，我强迫自己思考为什么我会有这种逃避真实的倾向，竟使周围的人忍无可忍。在我的生活中，是什么与我的根本愿望不符？大量的问题使我开始质疑我的一些选择。一次治疗时，在解释了我所恐惧的和正在努力面对的事情之后，我不得不重新学习不依靠上瘾症生活，重新关注生活的本真。”

利昂内尔明白，他生活中的两个因素互相结合，使他过度脆弱，引起焦虑并导致逃离：一方面，是一些过于沉重的职业责任，他觉得没有做好准备，甚至不能对自己承认；另一方面，是他父亲的病，尽管他否认病的严重性和影响。最终，他能够以不同的方式考虑自己的职业生涯，并从这方面的过大压力中解放出来；同时，他第一次成功与关系不好的父亲对话。他的生活可以松一口气了。

因为，除了理解并表达导致成瘾的恐惧以之外，还必须进行后续的学习，以重新组织自己的投入，从而重新聚焦，找回同其真实的愿望和此前处于“浮动”状态的生活的联结。

在最广泛的意义上，欲望受到我们生命力的影响，随着时间、事件的变化而波动、演变。通过生活经历，欲望会自我组织、自我转变。欲望并不总是相同的。欲望需要得到组织、疏导、引领，并在与真实的关系中进行补充。欲望也需要得到滋养，有时需要重新激活、定义、表达。

谁能回答这个问题：我的欲望是什么？

个性建立起来，历程变得独特，欲望的问题就尖锐地摆在眼前：我对人生有什么愿望？在一个几乎非结构性的社会中，存在的自由前所未有地诱人，我要如何塑造自己，如何创造自己？

欲望的问题是新的，没有被前几代人考虑过，因为总体而言，他们是遵照社会规范所强加的方式来管理欲望的。

但是我们要如何处理这个问题：既然在包容性的社会化当中，我的欲望并不成结构，我该怎么了解它呢？既然满足这种欲望的界限含糊不清，我该怎么用欲望来进行自我构建？

混乱越来越多，一种享受生活的义务几乎成了规范，满足欲望几乎成了必须。快乐的义务限制了欲望，而欲望本质上是自由的，却被束缚在一连串被消费、被经历、被满足的命令当中。

放弃对欲望的即时满足可以是一种解放的选择。

尼采的名言“成为你自己”说的是，生命的历程实际上是一段觉醒的旅程，旨在释放我们身上的“某种东西”，让它表达出来，展露于外，与我们的存在相一致。

情绪的身体

这个身体说的是我们无法用语言表达的东西。如果心理冲动没有通过情绪反应而外化，那么共鸣就会发生在体内，在身体里。

身体处于压力之下。正如我们所看到的，压力状态能使人应对紧急情况和危险。当行动受到抑制时，它会介入，引起焦虑，开启警报状态。以上通常属于临时压力的情况。它使得人可以在需要时调动必要的资源。但是如果紧急情况持续存在，如果对行动的抑制持续顽抗，那么压力就会变成永久性的。这会导致免疫力下降，精神抑郁，欲望减退，能量滞塞。

焦虑的诱因和后果

焦虑源于行动不能。神经生物学家亨利·拉博里（1914-1995）解释说，神经系统就是为行动而设计的。

当由于金钱不足，被剥夺自由，或是因受到过于严格的教育、信仰或限制性偏见的抑制而无法行动，处于被监禁、失败、失信等境地时，人就得用攻击性来对抗焦虑了。正如我们经常看到的那样，这种攻击性一往无前。

亨利·拉博里用实验室的小鼠做了一项实验，研究面对压力的行为，结果表明，如果还有另一种选择，还有可能行动，尤其是逃离，那么这种压力就是可以忍受的。如果有一个同类存在并且可以被攻击，那么压力也是可以克服的，而不会造成非常有害的影响。

相反，如果个体既不能逃避，也不能向某人发泄其攻击性，他就会受到焦虑的有害影响，变得病态、抑郁。

在身体和心理中循环的只有一种能量。如果一个人感到压抑，那么另一个人也会感到压抑。如果一个人找到了生命和微笑，那么另一个人也一样。众所周知，这在日常生活中有多么真实。

身体贮存了自出生以来所有经历的记忆。甚至那些前语言期（出生后的整段婴儿期）的经历也都被记录了下来。

身体的这份记忆被用于心理治疗，其中，情绪回忆是一种手段，能够进行宣泄：排出被阻挡的负能量。

“因此，回想某段记忆时，与其相关联的身体反应也会再现，反之，身体特定的体验也可以触发回想某段明确的记忆。”[①]

① 蒂埃里·杨森：《内在解决》，法亚尔出版社，2008年版，第164页。

在这一点上，身体说不了谎。它承载着一种不会被遗忘的内在知识。该主体受到熵的影响，也就是说，受制于由于复杂性增加而导致的变化，从而受到衰老的影响；它也包含了再生和愈合的能力。这是一张王牌，我们的深度存在、我们对生活的憧憬和未来仰赖它得以表达。它还承载着我们的过去。

然而，其运作的相当一部分不受我们的意志和意识控制。身体由自主神经系统管理，而自主神经系统调节身体的自主功能：消化，呼吸，心肌、平滑肌、腺体的作用，维持机体内环境的稳态。

该系统本身是双重的，依靠起拮抗作用的特异的神经递质，在交感神经系统和副交感神经系统之间取得平衡。

神经系统的另一部分是有意识的，并参与身体与外界的联系及其运动的主观运作。

因此，身体是内部和外部沟通的场所。

身体在不知不觉中不受我们控制，发出信号，传递信息，捕捉能量，感受，热爱，震动。我们的身体，是我们与他人之间、我们与我们之间的分界面，存在于过去和现在，使我们能够将自己投射到未来。

身体保护自己的完整性和自我的完整性，“我只接受我决定接受的东西。任何暴力，只要可能导致失去自我、失去我的心理和正直自主人格的轮廓，我都不会忍受”。

心理创伤在身体里留有痕迹，可以辨认出来。

创伤被卷入这个沟通中的身体，成为象征性的通道、信使、语言。

幼儿的情绪无法言语化、也无法概念化。感觉是一种纯粹、完整、全面、联觉、有形的体验。例如，恐惧会导致全身紧张。

“众所周知，婴儿会对恐惧或遗弃感产生身体反应。心理结构最初是从心理生理反应开始构建的。”[①]

不同的生物状态、一连串的节奏，婴儿身上有一整套内在的身体感觉。符号化之后才会出现：

“只有出现符号化能力，才能进行思考和幻想。这发生在 18 个月之后。”[②]

通过周围人的刺激，象征符号在一个充分接纳和支持的关系网络中诞生。为了能够被超越、被象征，情感需要支持、镜映和安心的温柔。

“通过这种关系，婴儿学会以抽象的方式识别自己的身体，并将自己的身体感觉转化和表现为公认的感受和想法。”[③]

---

① 丹妮丝·吉梅尼斯－拉莫斯：《身体的心理》，德尔维出版社，2013 年版，和谐之路系列，第 52 页。

② 同上，第 53 页。

③ 同上，第 54 页。

身体和心理逐渐变得个体化。身体的体验逐步被有意识地阐释出来，通过字词表达，得到认可，在精神上被理解。

正是在口头和情感的沟通中，这些从身体到心理的运动才会发生。通过爱的联结与镜映效应、心理理解的工具，对自我和他人的认识才得以传递。

象征的能力是深入人性的，与父母信任的联结有关，这种联结是由身体的体验和感觉所建立的。

语言是心理、象征和身体之间的联结，反映了我们涉身其中的关系的复杂性。

我们把自己的身体看作一座圣殿，认为身体不能经受重量、衰老、组织的松弛。我们对身体的关注暴露了我们深深的不确定，并且我们难以接受身体的有限、脆弱和其他不为我们所知的东西。这就是身体得到医疗的方法。

健康身体或幸福身体：自我的自测

在身上放置传感器，连接到智能手机或者直接连接到互联网平台，就能测量出越来越细致的身体数据，以了解身体的表现。通过日益精确的设备对身体进行测量和监测，可以量化其抗性、能量消耗、心律……测量可以共享，也可以随着时间进行评估。这种实践叫作量化自我或者自我自测，是2007年在加利福尼亚州出现的，最初是为了追踪健康问题或体育表现，其出发点是为幸福而推广。如此，人可以测量自己的心血管状况、氧气消耗、体重、饮酒量、情绪，甚至配偶关系质量等。有时，传播方法、与他人共享目标也是其中的一部分。

如果身体被迫保持沉默，被规范的数字目标约束，每个角落都被探索个遍，人要如何成为一个自由的主体？

在这种情况下，个体难道不是被简单地还原为一种表现，一个自恋的生产力目标了吗？

这种对幸福的追求是否与存在的自由要求相矛盾？

这种有组织的自我监督，难道不是投射出了一个无所不在的、严格的、通过自我评价进行惩罚的（我没有达到自己的目标）、没有精神状态的、起抑制作用的、仿佛一个让自我永远不得安生的监察机构的超我吗？“我在监视你，我一直在这里，不可动摇，有数据作支持”。

★ 索菲亚娜：“我把自己锁在一系列体育仪式里，它以需要达到的表现为基准，我每天都得提高标准。我调整了饮食，好让身体变成更好的工具。我花了很多时间把健康保持在最高水平，还一直在设法提高。这很适合我，但我开始意识到，我有点过于痴迷了。我发觉因为我疯狂的节奏和痴迷的关注，周围的人都认为我有点沉重。”

他人与“我”

沟 通

沟通定义了我们，使我们快乐，或者有时使人生变得艰难。沟通削弱我们，重新安慰我们，或者再度伤害我们，但对我们而言，沟通总归是不可或缺的。

沟通是生命的基础，也是其本质。无论人在哪里，都少不了彼此互动、相互影响、相互联系、产生共鸣。在沟通中，无论有多少对话者，每个人都会被其他人改变，并改变着其他人。一波潮流占着主导，然后下降，另一波又翩翩而至。

神经元沟通的复杂性使我们了解到什么可以激励我们，特别是流动性和我们运转的不稳定性：

“一千亿个神经元，每个神经元进行一万次连接，一百万亿次连接由电脉冲覆盖，以每小时 300 千米的眩目速度运行：巨大的脑网络是个充满不间断变动的地方。”[①]

这些沟通表明我们与外部环境的关系有多紧密、有多敏感。

我们的心理完全融入人类社会。我们所处社会环境的影响、我们在社会上的地位、我们所在团体的价值观共同作用，打造了现在这个适应的、异常的、神经过敏的我们。我们沉浸在一个社会中，其过度、破产、演变还有成功，组成了一面镜子，映照出我们的幻想和不满。

社会环境不同，相应地，脆弱的形式也不同。

爱情状态

没有什么比爱情更脆弱了。爱源于烦恼、忧虑，源于对他人的爱的渴望和不确定，源于不可能获知、不可能确认。

他人的爱无法控制。

爱人的经历使我们谦卑、人性化，使我们接近自己的脆弱，使我们忘记自己的骄傲。爱还使我们更接近我们的死亡、我们的毁灭、我们的保护欲……

我们希望，我们期待，我们千方百计地不被他人遗忘。多想让这个他人想起我们，只想我们，一直想我们。然后我们就

① 蒂埃里·杨森：《内在解决》，法亚尔出版社，2008 年版，第 91 页。

想把这件事表现出来，证明出来，宣告出来。

所以，骄傲和谦卑同时主宰着爱情。我们怎能祈求自己成为另一个人的唯一渴望呢？与此同时，一切都会提醒我们这种欲望有多么不稳定、多么难以满足。面对这种不确定性，我们只能谦卑。

坠入爱河是最大的自恋风险。这是自我的礼物。

坠入爱河是快乐和痛苦的混合，两者互不分离。

暴力也与爱情密不可分。暴力的感觉占据了一切，使人盲目。这种力量来自被抛弃的可能性、来自爱的终结。占有欲使人暴力，尤其当人知晓这欲望全是泡影时。

“你杀了我吧，让我好受点。”[①]

★ 勒贝卡：“我曾经陷入对一个男人的狂热爱慕，那种激情仿佛要把我吞噬，耗尽我的精力。我们的关系持续了几个月，在此期间，我生活中的一切都要迁就我们见面、沟通的频率。我别的什么也想不了，其他一切看起来都那么沉闷，几乎无关紧要。我忽略了其他所有人事物，包括最重要的。这种激情同时向我揭示了一部分自我，那个部分我完全不曾知晓。我从未感到如此开心。而当我们分离时，我也从未感到如此难过。这个男人一夜之间完全从我的人生中消

① 玛格丽特·杜拉斯：《广岛之恋》，伽利玛出版社，口袋书系列，1972 年版，第 115 页。

失了。我们再也没见过面。我完全不知所措。我疯狂地想要再见到他。我花了很长时间才终于承认我们热烈的爱情故事已经结束了。我渐渐回归了人生的主线，我放弃希望，以找回自己。我最终做到了，但并非不艰难。”

优秀模板与我们

优秀的模板有时会蒙蔽人，让人不知生活的基础，也难以意识到有限性。

当代社会的个体是纤细、有识、独立和自由的个体。优秀——这个前所未有的计划落在他的肩上，使他极其焦虑。

因此，他无时无处不应做到最好：首先在学校里、比赛时要做到最好，以便接下来在职场中也能坐到最佳的位置。而有关个人充分发展的问题有时甚至不会出现。

有太多机会，使当代人忘记自己的命运，错失自己的存在，成为芸芸众生的一员，去过充满限制的人生，忽略自己本真的样子。

而同时，他面前也摆着大量的诱惑，似乎个个都能帮他抑制沮丧。

这不是关乎要为之奋斗的东西，而是要战斗以对抗的东西！对抗滥用，对抗食品，对抗香烟，对抗电子产品，对抗酒精，对抗兴奋剂，对抗镇静剂，对抗赌瘾，对抗购物狂热。

因为我们要对抗各种过度行为产生的后果：对抗压力，对抗多动，对抗肥胖，对抗超重，对抗胆固醇，对抗失眠，对抗焦虑，对抗抑郁，对抗恐惧，对抗浪费，对抗过劳，对抗失业……同时也对抗分散，对抗搞错重点的分心，等等。

要对抗种种这般，当个体了解并希望做到更好，以免被破坏性的东西牵累时，他会面对自己的心魔，并逐渐实现他的构建。媒体中流行的一些有关个人成长的标题即是证明：

“释放我的性感”

“为什么挨饿？”

“什么是幸福？”

“什么对我才是好的？”

“为了百害不侵的健康”

“重新与自己和谐共处”

“面对口头侵犯怎么做？”

“重塑夫妻性生活”

……

成功的范例总是领着我们追求更多自律、更多快乐、更多享受；但不能过度，因为过度会侵蚀我们。过度会使我们实现幸福的努力毫无结果，使我们因没有做好而内疚，内疚于没能像别的“标准模范生”那样，控制自己的生活、体重、外表、精神、年龄和身心健康。

★ 蒂埃里：“过去很长时间，我总把我的生活和我在杂志上看到的、和深深吸引我的模范进行比较。我在职场成功进阶，我的生活过得很好，妻子孩子衣食无忧。一切都很顺利，正如我被教导的那样，我认为自己完全不会遭遇别人经历的任何失败和困难。然而，不知为何，我常常不满意，心情欠佳，不太注意周围的人。我本以为我的孩子成长得尽善尽美，然而却发现，我的一个儿子，正值少年，却开始完全失控。他离经叛道的行为终于使我大为震惊。我和妻子随后与他发生了激烈的争吵。我被指责什么都不懂、永远都缺席、一心只想钱，面对这些指责，我完全无力自辩。这根本不像我，让我害怕。然后我彻底改变了。我决定关注周围发生的事情，对其保持浓厚的兴趣，让自己融入其中。我的害怕是对的。它使我从长期的麻木和错误中清醒过来：生活并不在漂亮的图画里。生活在别处。”

总而言之，我们很难感到自由。被严苛的学习、未尽的义务禁锢着，我们只好蒙蔽自己的身体和行为，只为在压力中求生。

为了不沉溺于过度的自由，一种保护壳取代了我们的脊柱，以人为地限制我们的恐惧。

难以保持自我

个体与自己对抗，对自己的生活负有完全的责任，并且永远在与什么做斗争。如果不能通过明确的社会结构来疏导自己的生活，他就会感到厌倦。他会失去力量、热情和生活乐趣，因为他不再不停地追逐力量。他会精疲力竭，变得抑郁。

“处于抑郁状态的人想要保持自我，却又难以保持自我，想要保持主动，却又难以保持主动。”[①]

那么，为了不惜一切代价地避免生活的焦虑影响自己的表现，个体会沉迷于过度活跃的行为，而这些行为或多或少具有破坏性。

从成瘾、强迫、多动，到冷漠、疲劳、乏力，情绪障碍代表了当代社会的病态。

从充实到空虚。从富余到赤字。

★ 阿娜依斯：“我经历过一些能量充沛的时期，也经历过另一些精疲力竭的阶段。这是由我的工作造成的，因为工作本

① 阿兰·埃亨伯格：《疲于保持自我——抑郁与社会》，奥迪勒·雅各布出版社，2000 年版，第 212 页。

身就一阵活跃，一阵低潮，相互交替。精力充沛的时候，我趁机做了很多事情，生活节奏非常快，总是外出。而在平静的时期，我有些压抑，眼界变窄，窝在家里。我的不稳定是慢性的，我学过如何管理它。但我感觉被一种完全未知的节奏所约束，无法控制我的情绪状态。那些低潮越来越深，而回升则越来越极端。我觉得好像有点过于受这些情绪差异的影响了。”

一个希望掌控自己人生的个体，只想活得像自己，不想进入任何类别，不想有任何主人，不想融入任何集体历史。在这种姿态下，他不与任何事物发生关系，无牵扯，无稳定。哪怕是最轻微的失误，都可能使他滑落。

“总之，只活得像自己的人，却不能在任何栖息地继续合法生存，这难道不令人害怕吗？”[①]

如果人只从自己的欲望中寻求合法性，他就必定会被隔离。因为我们都是社会性动物，我们需要他人的注视，需要社会认同来支撑我们的存在。

---

① 白兰达·卡诺纳：《僭越的感觉》，卡尔曼－莱维出版社，2005年版，第89页。

我们的矛盾

我们在不可解决的矛盾中航行，不想放弃，或尽可能不放弃每种情况的好处：我们想成为人生的主人，却又依赖各种各样的关系；我们需要安慰和安全，却又拒绝顺从和约束；我们渴望保持清醒，又使自己置身于对消费的追逐之中；我们关心人道主义，又害怕街头的流浪汉……

矛盾是全面彻底的。我们的愿望和品味不会相辅相成。

数量庞大的刺激和各种活动的扩大化，为我们提供了所有的可能性。然而，这些可能性也是对我们的异化，因为我们总想控制不可控的东西。

我们的意志难以付诸实践，难以表达某种在一系列模糊和非结构化的可能性中艰难进行个性化的愿望。

我们被一个极端多变的敏感社会所包围，同时，这个社会完全依托于越来越无法持久的收益。

我们社会结构的脆弱性

“让我们品尝一刻在国会大厦的胜利，同时不要忘记奴隶对获胜的将领所说的话：‘记住，你是会死的。’人类是脆弱的，而这个成功是个伟大的创举，在这个平静而快乐的时刻，我们从不朽的过去中汲取灵感的源泉，使我们把它留给未来。”[①]

在这篇为欧盟成立打下基础的发言中，提及人类的脆弱性，这个提醒是有意义的，阐述了对来之不易的和平应该如何持久的关注。它呼应了我们的“不平静”和自己结构的复杂性，这种复杂性源于沉重和好战的过去，那里充满了一桩桩集体悲剧，永远刻进我们的命运里。

在成立之初，有过一段连续的繁荣时间，但之后，西方世界的机构（学校、公立医院）、社会团结的组织体系（医保、退休、失业）都出现了不曾预料的不稳定和衰弱。

针对处在微妙人生阶段的人建立保障体系，是基于共同的人道主义价值观（团结穷人，教育惠及所有儿童，社会承担疾病开支，职业生涯到期后退休）。然而今天，这些体系或多或少都受到了质疑。

社会组织若是少一些对团结的关注，会让人更自由，同时也更孤独。

世界性机构也很脆弱，甚至使人脆弱。它们贬值了，不再发挥支持作用。人权的普遍价值得到了承认，但其应用的努力尚未见成效。有关人类群体安全或地球未来的担忧没有得到政治上的疏导，对领导者的幻灭和怀疑、甚至蔑视，都表明深层

① 摘自时任比利时外交部部长保罗－亨利·斯巴克在欧共体框架条约《罗马条约》签署之际发表的讲话（罗马，1957年3月25日）。

的苦涩正在覆盖全球。人们一面探寻个体认同，另一面，集体认同难以确立，缺乏稳定性，也难以赢得人们的确信。

结论

人类机制的无限微妙，塑造了行为和自我的精致错杂，只能通过描述和字句来感知。

由于我们生来就处于无限依赖和贫困的状态，我们所构建的一切都被用来巩固、稳定和赋予我们力量，不断努力确保自己在群体中的地位。

我们完全成功了吗?

我们身上还有最早期的痛苦留下的痕迹。我们永远是受伤的孩子!

正是发生在我们的结构弱点和推着我们勇攀巅峰的努力之间的这种斗争，成了滋养生命的沃土。

精神生活是微妙、模棱两可的，永远在运动，永远在变化。

这个非常复杂的系统自有其脆弱性，同时隐藏了再生和生命本能的最佳潜力。

在各个层面，人类的运作展现出一种强烈的复杂性，这种复杂性体现在极端之间的永久张力，以及不断失去和找回、永远等待建立的平衡上。一方面，存在重复和回归的倾向，这是深度焦虑和不确定性的来源；另一方面，同时存在着对新事物和创造性的开放能力。

我选择用一些和脆弱有关的故事作为例子来说明这一点，以展示人生道路中存在的脆弱是如何表达的，以及脆弱是如何标记每条路径的独特之处的。

第三部分

脆弱的故事

我接受痛苦，

但我不接受放弃。

——亨利·博绍[1]

① 亨利·博绍（1913–2012）：比利时法语作家、心理治疗师，热衷于弗洛伊德和荣格的学说。——译者注

脆弱是长期的，还是和近期的打击有关？脆弱首先是一段生命的故事，一条独特的道路。在这些故事中，有排斥、边缘化、突然的中断、分离、禁忌、入侵、秘密，它们带来痛苦、混乱、自我封闭、羞耻、艰难的哀悼。当一个节奏没有被听到，一种独特性就不能被表达；当一道阴影笼罩在一段命运上……就会出现自我怀疑。

通向脆弱的道路不是唯一的，事实恰恰相反：创伤写就了一个特别的故事、一段复杂的体验，其中出现了问题，障碍未能拿到明面上解决，最终陷入了泥潭。

隐形的伤痕

我们最深的创伤最是隐秘，最是深埋。有时，这些创伤会逃过我们自己的眼睛，直到某种信号（症状、重复、不适）激起了我们的警惕。

震动

在《颤抖的女人，关于我的神经的故事》一书中，作家希莉·哈斯特维特讲到，她时常突然出现全身发作的震颤，整个过程持续数分钟，不受自己意志的控制；而与此同时，有意识的部分仍然能继续正常运转。对此，她进行了多年的探究，试图理解这种现象，因为这使她陷入巨大的惶恐，仿佛有另一个人寄居在她的身体里。

"似乎有某种未知的力量突然占据了我的身体，并替我决定我需要一次严重且持久的颤抖。”[①]

这种现象总是发生在类似的情况下。希莉·哈斯特维特决心剖析自己的故事，寻找答案。她从远处观察自己，找专家咨询。她浏览书籍，研究作家、神经科专家、精神病学家、精神分析学家的临床描述，详细了解他们给出的解释，探索理论发展的历史路径。就这样，她整合、融合、形成了自己的思考，而这段历程被作为一项调查写进书里。同时，这也是一段冒险，引领她迈向自己存在的不同标地：她的历史、她的情感生活、她生物意义上的经历。然后，她意识到这个仿佛活在她体内的人的的确确是她的一部分，虽然存在于她的意识之外。她必须接受这种存在，这指明了一条通向自己的道路。这也是一种丰富和认识自我的源泉，使她陷入记忆，并鼓励她从现在开始重新关注本真。

她的故事是她的一部分，并以迂回和加密的方式表达出来。因为她的一部分感到被遗弃，不能放任遗忘就此将它擦除。希莉·哈斯特维特必须修补这些零散的碎片，以找回其存在的统一性。

隐形创伤是我们自己意识不到的创伤。对我们而言，它成了盲点，是我们无意识和错误投射的来源。只要我们不主动去

① 希莉·哈斯特维特：《颤抖的女人，关于我的神经的故事》，南方文献出版社，2010年版，第13页。

接近它，它就会自己找到从阴影中走到阳光下的方法……而且不使我们知情。隐形创伤引导着我们，在那个前方，我们会赫然发觉，它与我们的真实成就如此不相称，甚至可能是灾难性、毁灭性的；总之无论如何，是不可理解的。而当我们终于察觉的时候，已经有些晚了。

盲点

盲点是视网膜上没有感光细胞，因而不捕获光的那部分。切换到心理学领域，盲点指的是一块封闭的区域，隔绝、加密、忽略、没有关联、没有注目。

因为没有实现的哀悼、不愿接受的失去、不能承认的失败、无法同化的自恋型缺陷，这些都促使心理产生一座孤岛，又或是孤茔，尤其不可触碰。

把失去之物锁进心理的地库中，人就可以否认它的存在。

“无法诉说的哀悼在人的内部安置了一个秘密的地库。……如此，他为自己创造了一个完整的无意识幻想世界，一个独立而神秘的存在。”[①]

这种否认行为能使心理生活如常进行，好像什么也没发生过一样，隔绝了那些不能融合、不能被转化或同化的要素，这些

① 尼古拉·阿布拉罕、玛丽亚·托罗克：《皮与核》，德尔维出版社，2009年版，论文视野系列，第266页。

要素不可见但确实沉重地存在着，且可以在无意识领域间传输。

事实上，无意识的倾向阻碍了对这种孤立心理空间的认识。好像在那个时刻，有必要在不知情中生活，所以选择微妙的转向；好像那个盲点不过是个无关紧要的陪衬，是我们太过恐慌。要把它弄明白是不可能的。这需要时间。

正如希莉·哈斯特维特的情况一样，她的盲点和她与父亲的关系有关：事实上，那种无法控制的震颤第一次出现，是在父亲去世两年半后，她到父亲毕业的大学里进行纪念演讲的时候。

希莉·哈斯特维特随之意识到，她埋葬了在父亲的死亡之中经历的情绪体验。她敬爱的父亲同她感情至深，她目睹他因为疾病而消瘦，身体衰颓，陷入漫长以至尊严尽丧的痛苦之中。面对这件事，在得知死讯后不久，她就遵照父亲的要求为他写了悼词，并在葬礼上用坚定的声音宣读出来，没有颤抖，也没有情绪。她以为她完成了哀悼。而事实并非如此。

“在我的脑海里，有一个细小的声音，前行着，不间断地叙述，它以合理的方式，继续着自己的发声；但与此同时，我的情绪却都陷入了沉默。”①

① 希莉·哈斯特维特：《颤抖的女人，关于我的神经的故事》，南方文献出版社，2010年版，第18页。

为了不因某件极为痛苦的事件而感到煎熬，人格会自行切割。这是一种无意识的活动。希莉·哈斯特维特还惊讶地记得父亲去世后自己有多么平静。

这被称为“美丽的冷漠”。真正的感受被完全压抑。面对本应造成痛苦的事件时，情绪奇怪地缺了席。这是一种不被注意的自我的缺席，一种消失……

这些情绪潜伏在地下，在任何背景下，看起来似乎都十分冷漠，缺乏真实感。这些情绪用身体的“颤抖”来表达自己，就好像被困在沸腾的压力锅里。

构建失败

★ 拉斐勒：“很长一段时间，我都非常害怕亲密关系，开始一段感情对我来说太复杂了。我很难接近另一个人，我觉得他人会察觉、意识到我不是什么好人。我缺乏内在的信心，对自己有非常大的误解，甚至对我的一切都感到内疚。我想对自己隐瞒真相，所以我的社交生活非常丰富，被周围人环绕着。在社交里，我会感到完全放松，因为我会立刻把自己定位为“可以被指望的人”、能够照顾到所有人的人、忠诚的好姑娘、红颜知己。但是当涉及深层的我时，恐惧就开始作祟，我再没有办法。我不能冒这个风险。我感到如同赤身裸体一般无助，这对我来说太有破坏性了。”

想要驯服这种根深蒂固的恐惧，对拉斐勒来说并不容易。正如她所说，光鲜亮丽的社交外壳，使她隐藏了对亲密关系的无所适从。所以，她无法正面迎战这种恐惧。

她得重新回到自己的构建阶段，了解她为何以及如何隔离了个人生活。

“我必须学会非常仔细地观察这种恐惧，看它来自哪里。在自我建构的阶段，我生活在不稳定的父母环境中，对着他们，我扮演了支撑者的角色。我不得不照管很多事情并管理我的父母，就好像他们才是孩子一样。”

拉斐勒不得不弥补父母角色的不足，并照顾生病的母亲。她的母亲情感需求很大，令人感到负疚，本人也并不成熟。

拉斐勒只好接受了落到她肩上的唯一角色：家庭的支撑者。她很早就扮演了成年人的角色，这使她自己的构建路程被缩短。

她隐秘、脆弱的部分正在构建当中，却没能得到确立、描绘和叙说的机会。她的个人情感建构被蒙上阴影，被抑制，从未得到回音，也从未被周围的人主动提及。

因此，个人的亲密部分可以完全被忽视、嘲弄，只能依靠幻想、遐想，在秘密中成长。人格把自己想象成不能在现实中生活的。同时作祟的还有自恋创伤，而外面的视线完全无法探知这个创伤。

伤害

冲击

你是一个坚强的人。哪个强者没有弱点?

你被触及，被伤害，被羞辱。于是出现了一种裂缝，使你对自己不太确定，使你颤抖。你左摇右晃。如今，曾蛰居在你身上的这股力量似乎已经彻底离开了你。现在你会怎么样?什么东西会激活你?你要在怎样的孤独中行动?即使未来出路如何，你也不得而知。你只能看到双脚前方的一个黑洞。这时需要你维持外在的表现。但是，抑郁、求助的渴望、找到援手的必要性，所有这些，对你来说虽然十分陌生，却无一不在冲击着你。你已成为一只淋湿的小鸟，无法振翅飞行。

创伤是一种关系性的损失。放弃、背叛、拒绝、不解、不公、遏制、违背，正直遭到重击：无论是身体还是心理方面，承受暴力，都会损害个体的自主能力。它会使受害者产生一种无法忍受的依赖倾向：施暴者向受害者施加其疯狂的破坏力，受害者对此却无能为力。

而这就是为什么情感创伤会持续很长时间，并且难以修复。

冲击会带来自我认同的丧失。人会感到被剥夺了自己作为人类在同类群体中的地位。创伤之后会出现巨大的孤独感，好像被推进了沙漠。就像一只受伤的动物，只能躲起来舔舐伤口，默默等待……

突然来临的冲击会使人封闭自己，丧失生活的冲劲，撕裂人际的牵连，切断与世界的联系。先是左右踟蹰，踉踉跄跄，随之而来的是一阵恶心。真实就此突然崩溃。

“造成不平衡的原因可能有许多种，但反复的打击、损失和匮乏经常表现为自我认同问题：自我和非我，自我和本我，真实和虚幻。”①

造成这种结果的，可能是友情、亲情、爱情关系的一次强行中断（被通缉或由死亡造成）、背叛、遗弃，这意味着构成关系的重要环节因此分裂。

这种统一性的丧失是对另一方信任的损耗：无论这种信任是虚假的还是真实的，我们将它建立起来，而后又因为突然的打击而失去它，用哀恸的长号悼念它。

① 希莉·哈斯特维特：《颤抖的女人，关于我的神经的故事》，南方文献出版社，2010 年版，第 112 页。

“他的呐喊不仅代表痛苦和需求，而且还有惊讶——它体现了一种期待，那是我们心中的天真渴望……而这期待此刻被残忍地背叛了；从某种意义上说，这是一种哀悼的呐喊。”[1]

痛苦的呼喊是对构成存在意义之物不复存在的反抗。

面对心伤

人的心理是如何应对创伤的?

在遭遇危险的情况下，心理会触发某种机制，以产生应对事件所必需的紧张感。为了保护自己免受创伤，心理会阻断自己的一部分沟通交流，进入最低限度的生存模式。此时，意识不会再接纳任何东西，以保证能够完全动员起来。恐惧使所有的感官凝聚起来，只为同一个目的——生存——而运作。

扁桃核位于大脑颞叶深处、海马区旁边。这里是生存、警惕的无意识情绪发生作用的部位。

在危险情况下，人体接收的感官知觉刺激扁桃核，启动一连串荷尔蒙反应，分泌皮质醇或应激激素，引发心脏、肌肉和呼吸反应，使人做出应对威胁时的适当行为。

① 弗雷德里克·沃姆斯：《重生：感受我们的创伤和力量》，弗拉马里翁出版社，2012 年版，第 48 页。

还有另一种路径较长的机制。当危险不那么迫在眉睫时，扁桃核会把感官知觉系统接收到的信息传送到海马区，即有意识的记忆运作的区域，之后再传递至联络皮质[①]。通过这些沟通，能够实现所谓的透工[②]，也就是和回忆、已知事件、推理作比较。总之，心理工作的整个路径会启动并持续运转，以便退出、整合、领会所处的情况。如此，压力得以一点一点地减弱。

但是，如果创伤来自某次非常暴力、侵入性、可能重复、侵害尊严、无法理解的攻击，在此情况下，上述皮质-扁桃核系统会被过度刺激。因为此时，情况颇具侵略性，且没有记忆可供参照，所以就会引起恐慌。个人的生命正处于危险之中！

危险状态达到最大值，启动一系列生存应激机制，生物体处于存亡之危中。

这时，扁桃核会保持静止，自我麻痹，不造成过度压力，以免因应对极端暴力而过度活跃，继而破坏整个系统。向海马区的传输也就此停止。

因此，创伤会引起一种情绪状态的短路，用以保障个体心理系统的生命力。然而，这种短路产生的激素麻痹了遭遇苦难时的痛觉，将个体置于一种不真实的状态当中。即使攻击仍在继续，个体也会无法做出反应。这个人被同其自己、其情绪割

① 联络皮质（cortex associatif）：在大脑各功能区之间起联系作用的皮质区域。——译者注

② 透工（perlaboration）：源自德语词汇 Durcharbeiten，又译“过度加工精制”。在弗洛伊德精神分析理论中指一种精神加工的时间，其作用在于溶解历史时间，拭除过往与当下之间的差异。——译者注

裂开了。因此他的反应会变得不适、脱节，仿佛他已屈服于所受的伤害，其后果将是毁灭性的：例如，这个人会无法理解、消极看待自己的行为，更有甚者，有时会因为未能自保而感到羞愧。

在不为个体本身所知的静默中，这种影响会悄悄地持续啃噬。前述通路的麻痹会导致一种分裂。

因此，这种危机应对系统一边是保护者，一边又是毁灭者。它保护生命，依靠的是自主毁灭其沟通的可能性。它开启生存模式，并可以为此自我隔离，切断任何吸收他物的可能性。无法继续吸纳外部，自我封闭就成了必然。

直到恢复安全感，才会重新允许向外开放。

开放

开放是指接受、感知、认识、倾听和理解来自外部之事物（如内心感受）的心理倾向。根据人生中的不同时刻，根据不同的考验历练和对世界（有时甚至是我们的自身世界）的认识，我们可以自己决定是否允许使用开放的能力。

童年创伤

童年是一片湖：一切都反映在表面，深处是看不见的。孩子在吸收的同时，经常会保持沉默。

★ 孩子待在房间里，听着父母在隔壁激烈争吵，始终无法入睡。他在倾听，在观察，在期待最坏的结果……他呆立着，紧张，受惊，迷茫。而第二天，甚至之后的每一天，他会开始假装。他什么都不说。而沟壑在渐渐加深。那个夜晚的记忆不再属于他的现实世界、他的白日生活，他会失去那段记忆的轮廓。它真的发生了吗？是个梦吗？但是，他的世界崩塌了，基本的安全感粉碎了，由此感到的恐惧、导致的失衡，会十分顽强地持续存在下去。

就这样，人会对许多童年经历产生怀疑，甚至将之丢弃在遗忘的迷宫中。这些经历的影响像冲击波一样，在无意识中持续存在。

意识继续运转，但无论如何总会出现一个痛苦的部分；如果上述情况重复出现（如果孩子成为父母暴力事件的“优先”见证者），这个部分就会变得更强、更硬。心理能量的一部分不再自由流动，形成某种认知情结或某种固着[1]。

固着

固着是固定处于童年发展阶段的一部分心理能量。比如有对口唇期或肛门期的固着，或者对性器期的固着。一般来说，只有一部分能量是固定的，其余部分继续向其他投入对象演变。因此，固着指的是一种对童年关系的特定依恋，即使早过了此类需求的年龄，它仍然充当着期望的来源。这可能会带来挫败、沮丧、重复的痛苦，如果不断出现，还会导致各种神经官能症。

因此，一股完全不受意识和意志控制、完全自主的心理能量，会朝着与主体所愿相悖的方向行动。这就是荣格所说的情结。这也是为什么可以说人格分两部分。照此观点，面对其“病态”人格，个人独立和自由的能力十分有限。

① 固着（fixation）：弗洛伊德精神分析理论中的概念，指心理上对人或物的过度依恋。具体而言，指个体由于受到生活经历的制约而惧怕现实，希望过去的时间段在未来可以重新回归，或回避有关过去或将来的问题。——译者注

打击

物理意义上的暴力会伤害身体的外围，即保护我们免受外部危险的表层。这些打击也会深入我们的“皮肤自我”，继而在我们的身份，在“我”中，制造破口和裂缝。

然而，这些攻击还会以更深的方式打击我们对人类、对所属社群的信任。自然而然地，我们期待从他人、从同属、同类身上得到关注，得到默契或移情，得到危急情况下的帮助。亘古以来，当人类还是少数群体、还在为物种生存而汲汲营营时，这就已经刻进了我们的基因深处。受到攻击侵害的人，会觉得自己被施暴者所代表的人类排除在外，并产生巨大的困惑：如果他再也不能信赖别人，那么他还剩下些什么呢？

“然而，从一个人向另一个人施暴时的第一次重击起，被打破的其实是与他人、与世界的关系的源头。”[①]

这就是为什么围绕创伤的互助、救济和集体记忆如此重要：我们重新感觉到彼此联系、彼此映射。如果这种关系没有重新建立，如果对创伤事实的记忆被遗忘，那么之后必将经历另一

① 弗雷德里克·沃姆斯：《重生：感受我们的创伤和力量》，弗拉马里翁出版社，2012 年版，第 45 页。

种痛苦。这可能表现为一种附加的断裂，即注意到他人眼中的冷漠、否定、逃避。

因为袭击从定义上就是盲目的、具有杀伤性的，其暴力来自人对人施加的行为。在经历袭击之后，一个人如果对他人施以援手，他就会更快地自我重建、克服创伤。他会重拾对人类失去的信任。

交谈和恢复关系的重要性由此可见一斑，毕竟暴力其实是与他人隔绝。

“因此，此处的痛苦不仅仅是身体上的痛苦，更是对人际关系、甚至所有人类关系的信任的直接毁灭。这种毁灭自第一击而始，它不是来自战斗，而是来自不对称的明确攻击。受此攻击影响，上述两种关系间产生了一种单向的、毁灭性的依赖。”[1]

① 同上，第 46 页。

孤独

独立是一种美德，受到高度赞扬。不依赖任何人或物，独立承担自我……这种无所不能的想法是通向孤独的绝佳窗口。它忘记了我们与他人相连，忘记了同类构成的群体是一个重要的建构因素，忘记了自我认同是在关系和他人的目光中得以建立的，忘记了我们之所以是今日之我们，是因为我们在他人中成长，从他人那里获得启蒙、教导、指引和传承。

现代城市里的人，是独自一人。

村上春树小说的主人公身上常常表现出当代人的徘徊、寂寞，他们有些幻灭，互不相连，只信任“可靠的物质价值”。在《国境之南，太阳以西》一书中，这位日本作家与我们分享了主人公初四十多年的人生经历。初先是自述他作为东京成功男士，物质、家庭俱得美满的生活。然而，他的叙述中有一种空洞，他语气幻灭，保持着一种近乎忧郁的距离感。有一天，他重逢了神秘而迷人的岛本。他和岛本曾是青梅竹马，三十年来，他既没见过、也从未忘怀过她。与她的几次会面使他产生了强烈的混乱。面对这种困惑，他越发清晰地意识到自己人生中的空虚。

“我的人生空洞洞的，缺少了什么，失却了什么。缺的那部分总是如饥似渴……和你在一起，我就感到那部分充盈起来。”[①]

岛本仍然是神秘的，与他恩爱地共度了一个午后，便消失得无影无踪，没留下任何属于她的东西。初知道他再也见不到她了。这段故事使他无助、迷失。他开始怀疑人生中的一切。

首先是他的伴侣。他自问与妻子的生活是不是一场戏：

“我们难道不是在扮演派到自己头上的角色吗？难道没有失去什么宝贵的东西吗？我们今后是要像木头人一样机械地度过一如往日的每一天吗？”[②]

然后怀疑他的整个人生，丧失希望和梦想：

“感觉上就好像自己不时被抛弃到没有生命迹象的沙漠里。”[③]“我

① 村上春树：《国境之南，太阳以西》，10/18出版社，2006年版，第190页。

② 同上，第208页。

③ 同上，第209页。

成了纯粹的空壳，体内唯有空洞洞的声响。”[①]

他的妻子也有同感：

“过去，我也有美梦、有幻想来着。可不知什么时候，不知道在哪儿都烟消云散了。我扼杀了它们，抛弃了它们，摧毁了它们……”[②]

因此，妻子和他一样，身体里有一片类似的沙漠。她并不后悔和他一起生活，也没想过以其他方式生活，然而：

“有时候，我半夜一身冷汗，猛然睁眼醒来。我原本抛弃的东西在追赶我。”[③]

两人希望从头开始，共同找回被他们弃置一边的生活，完全且扎实地重新体会生命的存在。但这绝不意味着初会一直充满力量。他依然怀疑、迟滞、一动不动，被这任务的可观吓坏了：

“但是，既然我企图从当下的我这一存在中找出某种意义，

① 同上，第 214 页。
② 同上，第 221 页。
③ 同上，第 221 页。

那么就必须竭尽全力继续这项任务，大概……”[1]

此处可以看到一个觉醒的过程：这里描述的人是城市文明的纯粹产物，其存在是根据固定代码编程而得的，其目标唯有物质成就。他的生活中再没有其他的面向。梦想和希望仍然被埋没，趋于无形。他像木头人一样活着。岛本可能代表死亡，也就是初的存在的死亡。

“我朝着冰封雪冻的黑暗深处呼唤她的名字：岛本！但我的声音都被吸入了无边无际的虚无……那均匀的呼吸告诉我她仍在此岸世界，而其瞳仁深处则是一切死绝的彼岸世界。”[2]

在与自己的死亡、即灵魂和梦想的死亡相遇之后，初变得不一样了。过去令他困惑的东西变得显而易见：他明确获悉了生命中的空虚。现在该由他为这种新的意识做些什么。

① 同上，第 222 页。

② 同上，第 194~195 页。

失去或缺席

我们一路走来，会经历一些失去、一些被承认的缺席，或更普遍、更分散的缺憾。

正如我们所知，每一次跨越都可能给我们带来满足感和挫折感。我们会失去一些或举足轻重，或无关痛痒的东西，从而使个人发展更趋近于俄罗斯起伏的峰峦，而非“静静的长河”，或是周期的上升。

第一次失去是失去母亲的照管，从我们生命的最初时期，它就笼罩着我们。甚至，特别是在缺乏母爱的情况下，哀悼永远无法彻底完成，因为这时个体更加渴求母亲的关怀。在因障碍难以逾越而发生倒退时，我们总是被引向最初的、理想化的融合关系，它象征着保护的极值、最大的安全和爱的顶点。

有些人难以离开这个阶段，并且无法作为成年人、男人或女人，真正地过自己的生活。

这些失去使我们能够或多或少积极有效地与周围的人和世界进行适应和协作。在一生中，情感上的失去不断积累：学前的保姆、第一个知己的离去……家庭变故、搬迁和重组都会导致不稳定。还有活力的夭折、挫折、烦恼、障碍，以及或真或假的抛弃、背叛、消失……

每次失去都会在个体身上留下一道裂缝。它继续在我们身上回响，记忆的力量使我们重温、无限地排演“失去一切”的那一刻。

当然，还有更严重的失去，被压抑在我们的无意识中。例如失去父母。自我的一部分就此逃脱，迷失在缺席之中。

★ 克莱曼丝的母亲在生下她不到一年的时候就去世了，她对母亲没有明确的记忆。她的父亲后来再婚了。夫妇两人共同抚养克莱曼丝，然后又生了一个孩子。很长一段时间，克莱曼丝一直是个神秘、孤僻的女孩。周围似乎没有人记得她的母亲，也没有人跟她谈起，只有一片静默。青少年时期，克莱曼丝无法忍受周围人的缄默，因为在那之前，她开始渴望、幻想她的母亲。她幻想母亲是离开去遥远国度冒险,并且终有一日会回来找她。克莱曼丝为此做着准备，她要在母亲回来的第二天和母亲一同离开。

这个女孩把自己封闭在幻想里，与现实隔绝，沉溺于相当反常的行为（在商店行窃，服用禁药、酒精……）。有一天，她的父亲突然发觉女儿竟然如此孤独。他们开始交谈，父亲讲述他眼中和回忆里真正的母亲形象，这让克莱曼丝更接近自己生命的源头，离开了她开始构建的危险的幻想宇宙。她终于能够接受母亲死亡的现实，远离将她与现实完全隔离开来的幻梦。

如果失去触及某个关键点、某个维持心理平衡的支柱，如果失去总是重复，一道真实的分裂就会产生。

身体情绪和心理会分裂。心理的一部分继续表现得若无其事，并对失去闭口不谈。

身体情绪与心理联结相分离，心理忽略了自己的一部分。

只有恢复相互间的联结，才能重新回归一个整体。

例如，在治疗关系当中，重建心理联结，从而实现透工，并使心理运作得以恢复；也就是说，会重新启动联结和神经元交换，以接纳事件并使其成为未来的资源。

创伤可以修复、减轻、医治。疗愈的方法一直存在着。

起源的焦虑

秘 密

精神分析学家菲利普·格兰伯尔[①]所讲述的故事能够代表这种缺失－存在，代表我们隐秘区域中的这些人，代表这些阴影半创造、半回忆而得的轮廓，它们源自直觉，变幻不定，是我们心理所明确投映的图形的显影。

在《秘密》一书，菲利普·格兰伯尔讲到，他在童年时期一直有一个幻想中的哥哥，而到了青春期（发现秘密的年纪！），他发现自己确实有一个哥哥，只是在他出生前就夭折了。此前从来没人跟他说起，因为这是父母之间过去的一段特殊的故事，它就更加秘而不宣。

就这样，这个他一无所知的哥哥形象进入了他的无意识，一个悄悄幻想的生命和一个萦绕众人脑海的真实秘密之间建

① 菲利普·格兰伯尔（1948–）：法国作家、精神分析学家。——译者注

立起了一种联系。

这种有意识的缺席 - 无意识的存在，使得菲利普将自己与哥哥进行比较。他觉得没有得到父母足够的关注，以为只有理想中的哥哥才能满足那因悲痛而如死火一般的父母。

追 寻

起源的问题缠住了孩子。他对自己如何来到这个世界的所有好奇心都被唤醒，促使他对成年人提出疑问。在接受更为现实的版本之前，他会幻想自己的出生。但他还会继续提问。

在幻想的年纪，许多孩子会自己建立一套家庭故事，有时非常复杂——他们会想象秘密、遥远、奇妙的起源，想象还有别的父母。在幻想里，身边的父母是假父母，只是被托付抚养刚出生的自己。寓言和传说里从不缺少这样的故事，对小孩子来说，这些故事很有吸引力。想象中的父母是理想化的，孩子把自己置于一种平行的生活中。

为什么这么幻想？

我们中的许多人都有一个终极疑问：我为什么生在这儿，在这个家里？是他们选择了我吗？是我选择了他们吗？我们总是缺乏对自身起源的了解，然而，由于对七八岁以前的幼年时期没有记忆——通常是因为遗忘，即压抑的影响——我们无法经历了解起源的这个环节。我们什么都不能确定。仿佛我们没有参与自己的出生，这永远是一个谜。我们无法回想起我们之前的、没有我们的那个世界！

许多新生命出生的情况还会使人无意识中不断质疑当初给予自己生命的人意图如何。那些不知道亲生父母的孩子当然属于其一，此外，另有一些孩子，一生追寻的是父母为什么想到要生下他们。

一个作为替代的孩子，一个失去的双胞胎，一个不认识的父亲，一个隐藏的秘密，一个谜团，一段不太确定的父母的爱，一个离开或去世的父亲或母亲，一个失踪的兄弟或姐妹，一个从未听说过的原生家庭……

这些因素可能给人一种与自身历史割裂的感觉，就好像有些东西总是需要矫正，需要寻回。一种缺失可能会就此产生，而他必须学会与之和谐共处。

南茜·休斯顿是出生于加拿大的散文家和小说家。她在接受《心理学杂志》[①] 采访时，讲述了自己的故事：她的母亲是一位非常聪慧、自由的女性，她在南茜六岁时决绝地离开了家，留下哥哥、妹妹和她，只是偶尔回来看看他们。南茜说，自那以后，她只在七岁、十岁时见过母亲。因此，她的童年可以说充满创痛，缺少母亲的爱、关怀和注意，唯有在与母亲一起度过的零星时刻才能得到弥补，而在那些时刻，她们之

① 摘自与埃莱娜·弗雷内尔的对谈，2012 年 5 月。

间存在着某种非常强烈的东西。

“她在脑中竖起了一堵墙，而每次我们见面时，那堵墙都在那儿。在裂痕之中，流过了一片温柔、亲善、和软，充满爱的海洋。然后每一次，随之而来的由缺憾引发的痛苦又会增加十倍。”

南茜·休斯顿说，她后来明白了母亲的经历、痛苦以及离开父亲的原因。但她无法自我解释的是，母亲为什么决定与她隔开如此之远的距离——她搬到了欧洲，在那里组建了新的家庭，有了其他孩子。

“我认为这个遥远的物理距离对我的命运起了决定性的作用。她给我留下了一个难以解决、不可理解的谜：为什么？她怎么能这么做？也许她太痛苦了，于是对自己说：‘距离越远，我就越少受苦。’”

南茜说，她在青少年和初成年的时期经历了一段晦暗的岁月。她患有厌食症，还有非常强烈的自杀倾向。然后她一点点开始自我构建，这都要归功于一次邂逅，以及她后来建立的家庭，而一开始这对她来说并不太明显。

“当我女儿长到三五岁的时候，我感受到了她对我强烈的爱。我就对自己说：‘如果我现在离开孩子，她会经历一种死亡……’所以这就是我在被母亲抛弃时所经历的。”

这个例子说明了一段复杂的、难以生存的命运会如何影响整段人生路途。母亲离去的谜团无法得到解决，也无法完全捕捉。它一直是一个豁口。但弥补和恢复是可能的。

在帕维乌·帕夫利科夫斯基[①]的电影《修女艾达》（2014）中，60年代，一个在修道院长大的孤女在宣誓成为修女前夕发现了自己的犹太血统。她和姨妈是家族中仅有的两个纳粹集中营的幸存者，她开始和姨妈一起寻找她的父母被其战争期间的保护者隐藏和杀害的地方。在找到了父母的遗体并埋葬之后，她终于可以去过自己的生活，但现实的面纱掀开一半，展现出一段可怕的过去和一种过度幻灭的现实，这促使她选择了唯一能赋予她人生意义的道路。她的追寻改变了她，使她更加坚强、更加坚定。

小说里充满了这种关于起源的问题。比如我们熟知的《丁丁历险记》的作者埃尔热，他的家庭秘密反映在他的作品中。一位名叫塞尔日·蒂斯龙的法国精神分析学家，在不知道作者是谁的情况下，通过阅读发现了有关埃尔热家庭的秘密，而结

① 帕维乌·帕夫利科夫斯基（1957–）：波兰籍导演，代表作《冷战》。——译者注

果证明他的判断是正确的，埃尔热本人甚至对此一无所知。他只是在毫无知觉的情况下传达了这个秘密，又在不知不觉中谈到了它。

思考起源时，也要思考地球上生命的诞生，然后是最早的原始人类的出现。除此之外，这种思考还涉及地球的诞生：微小的地球诞生在由几颗行星和一颗恒星组成的天体系统里，这颗恒星又在一个由 2000 多亿颗恒星组成的星系中演化，在其外部有数十亿个星系（目前已知宇宙中有 1000 到 2000 亿个星系），每个星系都由数千亿颗恒星组成。这个问题能一直扩大到宇宙大爆炸的初始能量，即宇宙最初从一个致密炽热的奇点膨胀而来的理论。

保证让人头晕发颤！

起源的秘密使我们极其脆弱，同时，我们又围绕这个根本的谜团构建自己的未来。

自我缺席

缺席也是自我的缺席，它会产生一种半意识状态、一种动摇，使自我认知减弱，情感和情绪缺乏强度、无法表达，所有的情感运作似乎都僵化了。

这种状态可以称为冷漠，或精神无力，就像我们说的肌无力。学界也称之为述情障碍[①]，即情绪词汇的缺失。

这是一种无法识别自身情绪，因而无法表达的困难，在许多人身上都存在。这种状态也许比想象的更为常见，童年时代，当周围的人很少传递情绪，不做回应，全当那些情绪不存在，这就有可能发生。

★ 一个孤立的孩子，待在房子的主卧，被家人包围，他沉浸在游戏里，几乎被遗忘，和在场的人没有任何互动。

① 述情障碍（alexithymie）：又译“情感表达不能”或“情感难言症”，意为认知、分辨和描述感情存在障碍。——译者注

自我缺席将缺席与他人相结合，如同所有的联系都丢失了一般。

人的心理在关系中得到滋养。主体在他人中构建自己的自我认同。如果缺乏情绪和语言的联结，将导致关系中的愉悦感丧失以及其他对心理功能有害的后果，同时还会导致生存质量下降、感官知觉匮乏、情感贫瘠，几乎是一种逆社会化。一些个体封闭在其固有的习惯当中，放任自己陷入这种冷漠的泥淖，从未被新奇、互动、生命的运动或关系的风险所带来的能量刺激过。

个体周围产生了一层泡沫，并将个体孤立起来。情感的模糊和肤浅是这种自我缺席的特征，这激发了一种古怪的感觉。

★ 洛伊克让他身边的人很受伤，特别是和他有恋爱关系的女人。她们非常爱他，而他的爱却很少。他离开她们时没有多少感觉，过段时间就会觉得厌倦，但也不知道缘由。他能够意识到这些女人表现出的热情、愤怒以及有时为了逼出他的反应所做的暴力尝试，但那若不是某种好奇心作祟，也不会引起他的任何回应。然而，这样的事一再重复，令他心生愧疚，因为他激起了如此的感情，却又无法与之共情。他看到了周围人的痛苦，却又无法切身体会。

爱是一种冒险，因为可能得不到爱的回应，忍受痛苦，被人摒弃、背叛，被人纠缠、依赖……冒这种风险对个人成长至关重要，因为这标志着他已经准备好去体验、钻研、扩大和征服情感的领域，而如果没有这种爱的状态，这片领域将无人知晓。

但有些人从来不敢承担这种风险。

因为一种更大的脆弱性使他们害怕破裂、动荡和心碎，或者因为他们的情感能量已经被原始、最初和根本的失望焚烧殆尽。

在《局外人》中，阿尔贝·加缪详述了这种状态，描绘了一种令人印象深刻的真理和力量。但这是一种非常空虚、盲目的力量。这种长期的紧张，这种对抗外界因素、特别是阳光灼伤和热浪的剧烈而艰苦的斗争，使得主人公默尔索犯下了一桩完全无法解释的罪行，做出了一种绝对荒谬、不可理解的行为。

作者陪伴着他笔下的人物，但没有赋予其行为任何解读、参照或意义。

默尔索身上藏着存在的深渊所具有的离奇属性，如果不是在这桩谋杀案里，他永远不会让别人发现这一点。没有理由。或许只是因为天太热。缺乏感情和反应，漠视自己的命运，普遍的无动于衷，这些都是指向同一个方向的线索，随着故事的深入，人物越来越无法探明。

小说著名的开头就标志着一种差异。

"今天，妈妈死了。也许是昨天，我不知道。"[①]

没有一个词表达了对这个消息的痛苦或悲伤。下葬的时候天气炎热。而在他犯下谋杀案的那一天，在海滩上，高温带来同样难挨的压迫，侵袭他，使他疲惫，好像被吸干了能量。

"那太阳和我安葬妈妈那天的太阳一样，我的头也像那天一样难受，皮肤下面所有的血管都一齐跳动。我热得受不了，又往前走了一步。"[②]

这一步过了头，导致他第一次开枪，杀死了一个年轻人；然后又更加徒劳地对着尸体开了四枪：

"我知道我打破了这一天的平衡。……好像是我在苦难之门上短促地叩了四下。"[③]

在审判期间，他不时出现被孤立、被憎恨的意识。受其影响，他感到尖锐的痛苦，被判死刑之后，他面对到牢房里来和他说话的神甫，扯着喉咙大叫，并辱骂对方，这是他唯一的反抗时刻。

---

① 阿尔贝·加缪：《局外人》，伽利玛出版社，口袋书系列，1985年版，第9页。
② 同上，第94页。
③ 同上，第95页。

“在我所度过的整个这段荒诞的生活里，一种阴暗的气息穿越尚未到来的岁月，从遥远的未来向我扑来，这股气息所过之处，使别人向我建议的一切都变得毫无差别，未来的生活并不比我已往的生活更真实。”①

这句话总结了他生活的内容：抚平一切的气息，使一切经历都变得没有差别。他唯一能够确定的是他将要面临的死亡。

“仿佛我一直等着的就是这一分钟，就是这个我将被证明无罪的黎明。”②

① 同上，第 183 页。

② 同上，第 183 页。

关系断裂

创伤往往是关系上的伤痕：缺乏爱，情感孤独，缺乏认可，不想适应，对某个人或某些人失去信心等。

如果和他人的关系以及对人类的信任受挫，我们会日渐萎靡。

但能够使我们痊愈的也是和他人的关系：一段邂逅或重逢的爱恋，一次和解，重新建立对自己和世界的信任，承认或找回自己的价值，尊重自己……

当失去引发错位之后，有必要修复裂缝，使个体重新统一起来，从而自我弥补、自我聚合，并再度在他人的目光中获得积极的反馈。人总要通过同伴的眼睛、递来的镜子，在他者中重新找回自己的统一。通过承认我们的苦难，与他人的根本关系得以重建。

“只有以自己的名义行事，就像一个能够在人际关系中表现本来样子的‘我’一样时，自我才会重生。……这个自我，如果有人对它说话、迎接它、让它就位，它就能够重生。”[①]

联结和断裂

我们由依次联结和断裂的关系组成。联结和断裂就构成了我们的生活。

联结的例子：

◇ 与承载我们终有一天会离开的地球母亲之间的关系；

◇ 与迎接的土地之间的关系，有时很复杂；

◇ 与家庭的关系，无论是否遥远、对我们而言是否美好；

◇ 在我们所组成的夫妇间的关系：不稳定或持久、猜疑或信任的关系；

◇ 与孩子的关系，也是复杂的；

◇ 与我们用手、用脑、用心产生的价值之间的关系；

◇ 与先代、心理谱系、传递的秘密及其影响之间的关系；

◇ 与参与的集体历史之间的关系；

◇ 与我们所体现的人类价值观之间的关系；

◇ 与记忆、过去之间的关系，这是我们发展的基础，让我们处于运动当中。

① 弗雷德里克·沃姆斯：《重生》，弗拉马里翁出版社，2012年版，第75页。

断裂的例子：

◇ 断裂的关系（分居、离婚、解体、分裂……）；

◇ 一种关系的断裂，通常伴随着忿忿（那不就是的心都“分裂”了？）、怨恨、酸意、愤懑、苦涩。

这些感觉十分顽强，因为人们曾经对关系深信不疑，因此才会失望，才会幻灭。如果完全不理解、无法对话，即使像亲子关系这样持久而有力的关系也有可能断裂。

★ 芭芭拉：“我不得不放弃见我的父亲。每次我们见面，都非常痛苦，他总是发脾气，对一切生气，对每个人生气，他总能找到吵架的话题，表现得心情不好。他和他老婆似乎不欢迎别人拜访。我强迫自己跟他们小聚、打电话、聊家常，保持联络以尽孝道。一旦我停下来，就难以为继了，因为他们从来不露面。他们从没给我打过电话，连个报平安的信号都不给。我们两年没见面了。我完全不知道他们会不会想到我，或者这种状况会持续多久。这让我非常伤心，非常生气。”

一切关系都有可能断裂。一切都是相反力量之间的交流和斗争，这些力量自主保持着平衡，以维持生命。

生命冲动和死亡冲动混合在一起，形成一个整体，根据个人和集体生活的不同时刻而变化：要么是毁灭性占了上风，要么是生的欲望更强烈。

“交流既不是思想的交流，也不是情感的交流，它是某种更狭隘、更错杂的东西。当弗洛伊德谈到生命冲动和死亡冲动时，人处于一种结果难料的交流状态，因为无法得知毁灭性和与之相反的生存欲望两者谁会得胜。”[①]

① 摘自安德烈·格林2007年5月1日为巴黎精神分析公司（SPP）网站进行的访谈，主持采访的是多米尼克·博代松。

自我认同的困境

与普遍的观点相反，自我认同并不是一蹴而就，一成不变的。它伴随着生命的轨迹一步步形成，随着个体生存状态的高低起伏而变化、消亡。从形成、发展到变形，自我认同如同情感、激情、邂逅一样变化无常。根据人们所处的位置、所面对的人群的不同，自我认同呈现出各自不同的形态。

法国作家马蒂厄·尼昂戈在法国文化广播电台接受访问时，曾用一个例子来解释个性变化这个问题。这位来自巴黎高等师范学校的哲学家讲到自己混血的身份，并说到别人对他的认识是如何随着所处国家的不同而变化的。他曾因为自己的混血身份感到十分痛苦。

“我的面部特征给我带来了有趣、重要，也很痛苦的经历。因为根据所处国家的不同，我作为混血的脸给别人带去的认识是不同的。他们看你的目光就好像在看一个新新人类。

每次，这些目光似乎都有些不同。我给你们举个例子：在刚果，当地人把我弟弟和我叫作‘白人’。我想他们把我们看作白人，就好像我把你们看作白人一样。”[①]

这段关于自我认同的经历完全是建立在别人的目光中的。

那么，自我认同难道是只属于他人的吗？是否有脱离他人目光的自我认同呢？

他人对我们有一个既定的认识。他们以某种方式认识我们。如果很多人都说相同的话，有相同的评价，我们就可以得到对自己的正确认识了。当我们谈论同一个人时，所看到的那个人只不过是以“我”的角度看到的那个人。

但是，并不是所有人的意见都相同。也许根据另外一些人的说法，我们的个人评价就会变得完全不同。另外，在这些给出不同评价的人当中，有些是不喜欢我们的，有些是确实喜欢我们的。因此，他们对我们的评价可能会截然不同，甚至相悖。不过，他们评价的总是同一个人。另外一些人戴着有色眼镜看我们，这给我们这片荒芜的自我认同田野增添了一个新的定义，一个新的差异。如此，我们在他人的评价基础上形成了某种独一无二的东西。我们其实也是为了别人的评价而构建自我的特性，因为只有这样，我们才能被承认、被喜爱、被欣赏，甚至被敬仰。

---

① 摘自马蒂厄·尼昂戈在广播节目《舌头伸出来》中的一段话（2014年2月2日）。

但是，个人特性也源自我们的内心体验、内在思想、隐秘的情感以及鲜少向人吐露的苦难经历。正是多亏了我们的个人日记、个人秘密、“内心流亡地”和个人属性，我们才可以躲过所有的目光。

记忆也是我们自我认同的一部分：我们所经历的正如别人所告诉我们的一样，别人的记忆、那些故事、那些逸事、那些在书上读到的场景，通通被我们化为意象。我们能在闲暇时反复看到这些意象，尽管我们没有经历过。

自我认同有时在于成为一个不同于别人的自己。一个穿着保护套的“我”可以在恰当的距离和别人沟通。这个“我”允许别人的亲近，但也会守卫自己的领地。

这个变化的“我”是一个独一无二的“我”，或者正是如此活着的“我”。其他独立的、不同的自我认同围绕着这个“我”。独立体验、感受我们看到的事物，即使身处其他极其不同的相似个体当中，这可能就是个性的本质：意识到自己是独特的。这种意识也包含我们对外部世界的看法。我们通过感知和拥有的知识来看待这个世界。我们必须以一种个人中心主义的观点来处理接收到的信息。根据这个观点，我们一定要独自去体验，去理解，去喜欢。

★ 曼努埃尔：“我花了很长时间努力创造自己的成人自我认同。当我完成学业、开始工作时，我的生活方式还是像一个青少年。呼朋引伴，和他们的生活节奏一致，还是过着中学生般无忧无虑的生活。我意识到这其实是我面对自己人生和未来的一次自我逃避。我完全不做规划。除了下周末和过节，我什么都视而不见。这使我紧张，更是十分困扰，变得伤春悲秋。开始，我没有意识到这一点，我觉得自己变得懦弱、不坚定、没有主见。我渐渐变得麻木不仁，对一切与朋友无关的事情漠不关心。我变得得过且过，看不到明天。随后，一些朋友开始过上了夫妻生活，开始有了第一个小孩。这对我来说似乎是另一个世界。这种差距使我不适。我不再知道自己处于哪个圈子，因为原先的那些有了巨大的变化。我感到迷茫。我并不想成为一个路人甲，我不想离开如今的青年状态，尽管它已经不适合我了。我好像没有了前进的坐标。我好像缺少了某个根本的东西。于是，为了寻找隐形变化的动力，我在自己身上下功夫。我开始懂得这是难以承受与家人分离的表现。离开他们就好像是对他们的一种背叛。如果我这样做，我和他们从此就不再是一体了。我既不能拥有一个独立于他们之外的自我认同，也不能在进步的天地中完全认同自己。于是，我就选择保持原样。这是一条难走的路,既要创建自己的天地，一个完全不同的、属于自己的天地，同时，又不和家人断绝关系。那些创建个人特性的冲动已经变得非常微弱，所以我花了很长时间才把它唤醒。

“这条路让我能根据自身情况自己做选择。这必定是一次更难的探索，但这使我真正深化了自我认识。”

结 论

我们童年时代的创伤和快乐，我们的学习经历，我们的关系，我们的爱恋，我们的失望，以及我们人生中的失败和辉煌，都形成了一段历史，一段深藏内心的历史，一段只存在于我们内心的历史，一段支撑着我们在这个世界上生存的历史。某种世界观也由此产生。在这个世界观中，我们脆弱的意识占据着重要地位。

这些人生故事向我们展示了困难是怎样揭露一部分自我，怎样锻炼我们，怎样促使我们的能力进步并且适应自身的。

但是，我们灵魂中的阴郁力量是不可否认的。恰恰相反，它告诉我们危险的存在。当痛苦的事情或者隐秘的“生存病”使人生失去平衡时，灵魂中的这种力量会告诉我们这种平衡是可以重新找到的。

第四部分

脆弱的阴暗面

你看着这个人的外表，同时，你发现了他魔鬼般的力量、令人憎恶的脆弱、弱点，以及弱点中无与伦比、无法克制的力量。

——玛格丽特·杜拉斯

人类灵魂的内在特质——脆弱，是易变、复杂、游移不定的。脆弱使我们恐惧，是因为在内心深处，我们觉得脆弱是强大的，强大到能把我们拉向清醒的绝望的深渊，强大到能毒化我们的思想，强大到使我们的人生失去喜悦的光彩，强大到甚至能使我们的自我覆灭。

我们难以接受自己的脆弱。因此，为了消除恐惧，我们常常寄希望于自己的全知全能和一切事物的永恒（生命、青春、爱情……）。

当我们保持着一切事物都能永远持续的幻想时，我们就会不时从梦中回到苦涩的现实，不时受到清醒意识的连续打击。

这种脆弱使我们惊恐，但也使我们着迷。

那些全然否定脆弱的存在，以为脆弱与自己无关，自认为够强大够勇敢的人，其实失去了自己完整性格的一部分，失去了可以指导自己人生的重要组成部分。

相反，那些放任自己接受各色诱惑的人，很可能迷失于绝望之中，悲观地认为脆弱是一种生存方式，一种有害、甚至毁灭性的方式。如果脆弱能够扩散并积累能量，会引发一种无力的反抗，或者使人沉湎于沮丧抑郁之中不能自拔。

在以上两种情况中，脆弱并没有被正视。相反，它被否认，被刻意地回避。

不敢直视我们的脆弱本性（不愿理解、探究和接受脆弱）使我们失去了排解脆弱的重要渠道，使我们无法从中汲取生命的力量。

如果我们拒绝面对脆弱的自己，如果我们不肯接受自己的缺陷，如果我们不愿承受自己的苦难，会发生什么？如果我们刻意逃避自己内心的疑惑，又会发生什么？

我们要么自认为坚不可摧、所向披靡，要么以受害者的姿态自处，要么就自我麻痹、自我欺骗地继续生活。

自我保护

封闭自我的情感世界（因为它多变的特质会给我们不安全感）导致我们低估自己对爱和交流的基本需求。因此，个体的生命就有了不同的轨迹。

自我封闭

自我封闭在人生遭受磨难的阶段是有用的，因为在当下，个体的第一反应不是选择当缩头乌龟，就是采取一种战略性的焦急粗暴的退缩。

举个例子，能够不再和外界发生情感交流是令人羡慕的，因为如此一来，我们就不再有遭受情感伤害的风险。当我们刚刚遭受难以承受的被拒绝的情感伤害时，选择在一段时间内放空自我也不失为一种救赎。

★ 加埃勒："经过一段特殊的与外界隔绝的痛苦日子，我在情感上有了一些心理障碍。我不想再开展一段新的恋情。我拒绝任何形式的接近，避免可能产生某种情愫的一切情况，只与女性朋友成群结队地出去，沉溺于独立却又封闭的小群体之中。最糟糕的是，我竟然一点也不想谈恋爱。不管怎样，这都是我的有意之举！"

加埃勒故意逃避任何认真、亲密、有承诺的情感接触，因为在她的潜意识中，此类接触是不稳定、不可靠的。

为了防止再次失望而逃避一切感情是重伤情况下的一种保护措施。因为我们害怕再次遇到挫折，再次遭受苦痛，再次面临更糟糕的境况。

在这种情况下，自我封闭改变了我们对他人的信任感，降低了我们的自我评价，削弱了我们的生命力。

因此，自我的信心亟待重塑。

关系隔离

然而，如果一个脆弱、敏感的自我过度封闭，甚至到了胆小怕事的地步，那么自我就会变得刻板，从而逃避一切情感反馈，放弃尝试新的面向外部的行动方式。

这种退缩会放大恐惧。为了逃避感情及其可能导致的痛苦，一个异常敏感的自我失去了远见，放弃了先兆。身体日渐憔悴，甚至到了油尽灯枯的地步，因为个体已失去了原先的营养补给——与其他心灵的交流碰撞。

如此，恐惧与模式化的行为就形成了。

蛰居族

现今，自我封闭最严重的情况就是到了与世隔绝的地步。这类情况甚至还有加重的趋势。它主要指某些青少年和部分年轻人多年足不出户，不和外界发生任何交流，沉溺于互联网。这类现象最典型的是在日本，而这些年轻人也被冠以“蛰居族”的名号。在日本，许多治疗专家、团队甚至提供上门服务，只为帮助这类自愿边缘化的社会群体。

那么，这到底是最敏感人群面对社会、学业压力的反击？还是面对交流互动、人格解体的应对方式？抑或是面对安全框架缺失的表现？生活在蜗居之中使他们最大限度地避免与外界接触，从而避免对情感和挫败感的管控。这一问题源于厌世、对他人的恐惧、距离感以及难以与他人沟通。因而，为了少受此折磨，这一人群选择了蛰居。

为了治好此类心理障碍，长期的适应性治疗是必不可少的。

以上的极端案例表明关系隔绝是极为危险的。

自恋：过度或不足

在个人成长的第一阶段，小孩首先关注的是自己；随后，为了生命冲力，为了寻求关爱和支持，才关注自己的亲人。因而，如果父母过于依赖小孩来修复自己的创伤，或者无法胜任父母的角色（比如通过比较），小孩获得他人关爱的途径就会受到阻碍。

在这种情况下，有两种办法可供选择。

从自己身上找爱，不依靠他人。

将注意力完全放到自己身上，不为其他事物倾注一丝一毫心力。这种原始的自恋心理是为了避免旧伤复发而采取的一种十分常见的应对方式。它常常是不自知的。

这种迫切希望引起他人关注的需求是自恋的早期征兆。它掩盖了自己对爱与被爱的怀疑甚至不信任。

“他人不再是爱的对象。他被否定、忽视，只作为自恋的工具而存在。”[①]

① 让－克罗德·里昂德：《脆弱是一种幸福》，阿尔班·米歇尔出版社，2007年版，第113页。

为了避免内心深处的旧伤复发，除非把极为重要的爱当作奖励来交换，否则，自恋不牵涉任何人。

为了将自恋创伤置于次要地位，向自己和他人掩饰自己缺乏信心（例如对自己各方面能力的诸多怀疑），带有脆弱性质的自恋基本不涉及情感关系。

这类人群不愿被人品头论足，时常保持一种全知全能、高高在上，甚至傲慢的态度。

当别人受到他们的吸引而坠入情网时，他们也常常使爱慕者备受折磨。但其实，当他们意识到自己真正爱的只有自己一人时，他们自己也同样备受煎熬。对一个面对他人爱慕总是感到困扰但又过于在意他人眼光的人来说，这难道不是一种巨大的挫败吗？因而，这样的情况往往会导致抑郁。

由于希望讨好别人，自恋受伤者通常会构建出一个所谓的“假我”[①]，即为了被爱而做出的情感和行为的表象。外界任何想要揭露这个虚假面具的尝试都会被看作极其令人苦恼的行为。这一苦恼旨在引起自己对以下重大危险——人格分裂、自我禁锢、空虚感——的注意。

换句话说，自恋保护的是一个脆弱、处于危险之中、混乱无序的自我。

---

① 见本书 027 页。

★ 弗兰克面对自己周遭的亲人朋友有暴力倾向，时常因为怒气造成的危机而备受折磨。他极其依赖自己的另一半，不能忍受对方的疏远，并且希望另一半能够时常陪在自己身边。同时，弗兰克也无法容忍对方对自己一丁点儿的批评。因此，他总是责怪他的朋友不打电话问候和没有亲自陪伴。最终，一个又一个的朋友都渐渐离他远去。为了忘却失落感，弗兰克选择了与口欲期关系紧密的几种行为——酗酒、抽烟和暴饮暴食。没有最起码的情感亲密接触，仅仅是最小的指责都可能引起滔天巨浪。因而，弗兰克只好躲藏在自恋的外壳之下来保护自己。

不自恋，总是从别人身上寻找爱。

在他人的注视下寻找爱，会导致情感依赖，因为自己从未充分得到爱的滋养，而永不愈合的创伤似乎在自恋这一表现尚未增强的情况下吸收了全部营养。

脆弱、自恋的个体如果被屈辱的经历、背叛和抛弃所伤，就很容易陷入空虚寂寞，甚至变得抑郁。

这个脆弱的自我难以接受关系的破裂，会感到极为孤独，因为他从未找到使自己变得更加自恋的办法。

其实，过度自恋和自恋不足只是同一枚硬币的两面。

拒绝苦难

拒绝是一种自我保护的形式，旨在避免苦难的发生。

我们这里所说的拒绝并非自愿的。我们可以说自己在人生某一时刻，为了保持正直，凭直觉选择了当下最合适的方式——拒绝。因此，这一方式可能会掩盖部分事实。我们并没有意识到众多痛苦的存在——它们甚至不为我们所感知。拒绝意味着否认一部分人生经历。我们拒绝重新质疑某种信念和某种通行的运作方式。

以上所说并不是要我们讳疾忌医地摆脱自己的信念、行为模式或者某些症状。相反，某些症状是有其存在的理由的，正好反映出个体内心深处的状态，这其实是一种言语。另外，也许当某些症状像言语一样为外人所听闻时，症状就会逐渐消失。

★ 齐阿一直认为自己的母亲占有欲太强，对她过度保护，跟她形影不离、亲密无间。当然，这没有错。但齐阿根本没有意识到，这其实是自己面对母亲忙于其他事情时，为了吸引她的注意力而采取的一种策略。事实上，齐阿和母亲两人处于一种相互依赖的关系中。齐阿仅仅看到这段关系的冰山一角：自己和母亲的关系。不过，由于否认了自己，齐阿没有看到为了维持这段关系，自己做了些什么。

齐阿的自我否认使她和母亲这种亲密无间的关系得以维系，因为齐阿的自我意识一旦觉醒，这段关系就会走向瓦解。另外，还有一个有待研究的理由，就是齐阿自己需要维持和母亲关系的现状。

否认——回避部分事实以隐藏某些令人困扰的现实问题——是一种拒绝量化脆弱的做法。可是如何才能解决这一问题呢?

比否认更强大：情感隔离

情感隔离是一种防御机制，保护自身不受与自我统一性不协调的情感、记忆或者欲望的伤害。任何威胁机体平衡的情感接触都应该远离。这种隔离将心理分为两部分，并且这两部分之间不能相互沟通。每一部分都无视对方的存在而发展着。因而，一些缺乏条理的、奇怪的行为就随之发生了，因为每一部分都只根据自己的方式来表达自我，如此循环往复，自然就没有了自我的统一性,也自然就没有考虑到另一部分的存在。因而，人格特征其实是缺乏一致性的。

这种精神组织形式容易产生重大忧虑，有时甚至是极为严重的恐惧症。

其实，心理较为封闭的那部分是从内心阴暗处产生的，它导致了一连串难以解释的行为。但我们无须考虑这是否会对封闭心理造成影响，因为这部分心理状态是被自我否认的。简单来说，这部分封闭心理正如一个掌控全局的人。相反，能够表达自我的那部分心理会被他人拒绝。这就好像一个外来擅闯者，虽然没有被撵走，但也只能偶尔住到楼上。总的来说，分裂人格会怀疑自己，进而怀疑他人。外界的任何变化都易使脆弱心理落入险境。

分裂人格在面对外部世界的时候常常保持较为封闭的状态，只是机械地行动，缺少一般的敏感性，做事以效率最大化为原则。他千方百计地不让内心沉睡的怪兽苏醒，不让久居心底的幽魂重现。

★ 对利连而言，经历一段感情生活是不可能的。因为目前理智与想象已使他分身乏术，无暇顾及身体和感情生活。他每次都想要通过复杂但又合乎情理的论证来和他人建立联系，但与此同时，他缺乏冲劲，和他人的接触时常脱离实际。利连将人格分为两部分：一部分是可以自我表达的，使利连得以在生活中不断前进；另一部分是被忽视的，较为封闭。

受害者姿态：一种试图逃避脆弱的自我中心主义

当我们背负苦难，将它视为生存下去的理由，跟它纠缠不休时，这就意味着我们处在受害者的姿态中。难道这种态度不是一种消除负罪感的方式吗？

心理脆弱的人总是以受害者自居，认为自己运气差、不幸、可怜。他们总是以为其他人比他们幸运。他们爱跟他人比较，感到自己渺小无助，不受喜爱，不被理解……

这种想法其实是有害的，使心理脆弱者无法认可自己进而获得独立。心理脆弱者得不到应有的尊重，只好沉溺在一段不平等的关系中，需要别人的支持和陪衬。

心理脆弱者没有处在合适的位置，开始依赖其他人或者某个团体，有时候甚至喜怒无常，阴晴不定。

★ 帕特丽西阿："不管我在哪个岗位，就职于哪家公司，我总是会和上级发生冲突。开始一切都很顺利，但过了一段时间，我就又开始重蹈覆辙，总觉得自己被孤立，被冷落，没有受到与同级同事一样的待遇，手头的案子也没有别人那么重要。我觉得自己不被认可，怀才不遇。另外，我觉得别人也时常在埋怨我，甚至厌恶我。而我总是以失败告终。于是，我奋起反击，和别人闹翻，责怪上司不作为，在办公室打架，甚至冲进了上司的办公室。当然，最终我什么都没有得到。情况没有任何的改进。我变得不受欢迎，真正地受到了同事的冷落。我对此感到十分痛苦。在公司内，我就像一个瘟疫患者，人人避之唯恐不及。于是，我很快递交了辞呈，另寻他处了。”

帕特丽西阿是由于自以为被冷落、不受待见的心态而让自己最终成为众矢之的的。这其实恰恰是帕特丽西阿最不想见到的局面。由于局限在自我中心主义者的角度看问题，帕特丽西阿总是认为别人有错，从不反省自己，固执地认为所有糟糕的事情只发生在自己身上。对她而言，发现自己的问题是十分困难的。她认为自己不被喜爱的想法其实恰恰表明了内心深处希望自己是被喜爱，甚至是最被喜爱的那一个！但由于未能找到产生童年自恋创伤的根源，这一希望从来没有实现，并且总是带来深深的失落感。帕特丽西阿总是觉得自己是最差、最坏的那一个，不配被爱，总是对自己缺乏信心。因此，她内心深处的情感创伤只会越发严重。

由于总是认为自己受到了不公正的对待，那些“卡利麦罗”[①]常常在人际关系方面受到情感的折磨，但他们又无法向别人付

① 卡利麦罗：诞生在意大利、法国、日本等国深受广大男女老少喜爱的一个卡通人物。他头上扣着蛋壳，是一只充满正义感、时刻照顾大家的小黑鸡。对他来说，蛋壳非常重要，一旦不见时就会拼命地去寻找。作者这里以卡利麦罗来指那些过于在意自己、忽视他人的个体。——译者

出自己所竭力请求的对等物。

投射：把自己的弱点安放到别人身上，并对自己的弱点视而不见。

当我们不想看见自己时，我们可以启用一种特殊的心理机制：将自我的潜意识投射到外部。这一方法超越了意识层面。一些情感（来自我们真正的心灵但却是无意识的）也被视为外在之物。由此，我们就对外部现实的认知就产生了偏差。

★ 塞巴斯蒂安不断以相同的事情指责身边的人。他在别人身上看到了自己的特质：冷漠。他认为他人总是冷漠、缺乏情感的。他没有意识到他关心他人的冷漠态度恰恰抑制了自己的交际。由于过于关注自己，过于在意是否被爱，塞巴斯蒂安眼中看不到其他人。因此，他从外界感受到的冷漠其实是他自己投射出来的。

然而，这种投射并不能使他看到我们真正的样子。这也是这类人难以接受自我缺陷的原因。

总的来说，以上情况是心理运作的共性。有时，我们难以觉察出我们是否只是庸人自扰。

绝望

另外，难以控制的过分敏感容易使人走向深渊、痛苦不堪，并且难以复原。如果任凭人生中绝望、失望和疯狂的一面影响我们，如果我们认为生命的本质就是虚无和孤独，我们就容易滑入危险的深渊。

自我毁灭

人性本身包含绝望和毁灭。我们有时会思考二者是否有一个限度。

在艺术领域有许多相关案例。因为如果艺术家任由激情消耗自己，并且不和现实生活保持联系的话，他们就得面临自己内心深处岌岌可危的创作火苗。

“没有经历过地狱的人是不能称其为作家、画家、雕塑家、建筑师或者发明家的。”[1]

这个地狱把创作者逼到极限，他们在其中迷失、破损、受伤、痛苦、封闭，甚至消亡。因此，长时间处于创作状态下是危险的：疯狂随时伺机而动。

“我曾饮入一大口剧毒……喝下后，五内灼痛，四肢扭曲，脸部都痛得变了形。毒药将我彻底击垮了。我渴得要死，透不过气，但又无法大声叫唤。这是地狱，永远的惩罚！”[2]

这位诗人似乎想要带我们到地狱看看。他极其清醒、极其勇敢地陷入地狱中，因为他想看到地狱，他想走得更远，他想向我们展示这一方天地。他是他自己和我们的黑暗时刻的见证者和领航人。

卡米耶·克洛岱尔的命运向我们展示了脆弱如何在短时间内形成并且随之令人陷入混乱。身为艺术家，卡米耶的创造力和真诚并不为当时的人们所知悉。家人不了解她的才华，不支持、不理解她，将她关进疯人院，使她在极端的孤寂困

---

① 安托南·阿尔托：《凡·高，被社会自杀的人》，伽利玛出版社，幻想系列，2014 年版，第 60 页。

② 阿尔蒂尔·兰波：《地狱一季》，载《兰波诗集》，经典口袋书出版社，2010 年版，第 203 页。

苦中度过了余生。

“一天早上，家人已经为卡米耶做出了决定：她还来不及变老，他们就已经剥夺了她的年华、生活和回忆，使她活生生地陷在地狱之中。”[①]

卡米耶被折断了自由的双翼，只好完全沉溺于创作之中。然而，由于作品形式过于求新、大胆，她也受到种种丑闻的困扰。人们不断质疑她身为大师罗丹的弟子抄袭自己师父的创作。这使卡米耶的内心深受伤害。其实，她的创作才华足可与大师罗丹相媲美。身为一个女性，她无法在极度男性化的雕塑圈内大放异彩；身为一个未婚女性，她的行为在资产阶级社会中受到极其负面的评价。她举世无双的创作才华和不肯妥协的坚韧意志已经超出了她的家庭的接受范畴。“罗丹身边的一个天才。”——艺术评论家奥克塔夫·米尔博这样评论卡米耶。

“卡米耶已成了一个彻头彻尾的乞丐！她饱经风霜的双眼已向世界展示了她的悲惨遭遇……”[②]“她被彻底击败、打倒了。她一语不发。全身一丝不挂，这对一个女人来说是难以忍受的。但她任由别人带走，一句话都没有说。她被折断了羽翼。破旧

① 安娜·德尔贝：《一个女人》，口袋书出版社，2013 年版，第 411 页。
② 同上，第 443 页。

的短上衣衣不蔽体。”[①]

卡米耶·克洛岱尔没能化解内心的愤懑。她的执念过深，最终被执念摧毁，陷入疯狂。她最终处在孤立无援的状态中，既没有支持，又得不到理解。

暴力

正如社会暴力一样，个体暴力也来自自己的脆弱。

“在人类内部，攻击是当个人或者社会矛盾得不到解决时的替代办法。”[②]

早期暴力

不论是在植物界、动物界还是人类内部，斗争、破坏和侵略都是存在的。

在生命发展的最初阶段，脆弱性是不断增强的：在一块土地上定居，寻找食物、性伴侣，繁衍下一代。随后，攻击性就要用来征服敌人，保护斗争果实，并且在避免死亡和延续物种中

① 同上，第 458 页。

② 让－玛丽·佩尔特：《丛林法则：植物、动物和人类的攻击性》，法亚尔出版社，2003 年版，第 213 页。

逐步成形。然而，所有生物的原始攻击性在受益于大量的安排、调整和升华之后，渐渐被崇尚礼仪、讲求效率、非暴力的行为所替代。每种生物都要学会将暴力运用于保护自己所在的群体和平衡各方力量。

“从内部特有的攻击，到稳定的个人关系，我们所走向的是一条进步的康庄大道。”[①]

如果没有从攻击到礼仪的转变，某些物种可能早已在暴力中消失不见了。在众多的案例中，狼极好地展示了让-玛丽·佩尔特在书中提到的攻击性：

“狼这种动物，攻击性是它为了维持生存的一大特性，但它残暴的杀人行为并不会轻易善罢甘休：狼的獠牙具有威胁性，但绝不会咬在颈部。在此过程中，狼会努力抑制住其攻击的本性，取而代之的是假动作而非斗争。[②]

上述案例令我们深思……那么，人类又是怎样的呢？

冰冷的都市将人类置于孤独和空虚之中，夺走了他们用于加强脆弱感的标准。由于许多仪式并不包含足够的脆弱感，这种情感便逐渐在个人内心落地，生根，发芽。因此，为了逃避

① 同上，第 147 页。
② 同上，第 167 页。

脆弱和被排斥感，人类就想通过否定和破坏他者来成就自己。由此，人类保护了领地，同时维持了生活水平。如果话语和想法要通过行动来表达，那么在行动过程中，礼仪和暴力也是不可缺少的两个要素。

“攻击性是人类为所处的社会结构的脆弱化所要付出的代价。”[1]

在一个信息爆炸、不断变化的世界，沟通日益频繁，财富和个人的流动频率加快，观点和知识的交汇变得更容易、更广泛，我们不能只满足于和我们的亲人、邻居、同事好好相处，不能窝在小团体内部只选择和同类人搞好关系。

集团不断涌现，团体的成立和解散运动连续不断，价值观和社会地位的梯度也在不断变化。因此，我们必须学会接受个体的差异，无论是在文化上、生活方式上还是信仰上。我们与“异类”、陌生人的联系越来越紧密。“异类”有时来自远方，常常以我们不熟悉的方式来看待世界。

我们还是应该学会宽容，因为我们处在一个越发清晰知晓自身存在和脆弱的人类团体之中。

不过，学会宽容，任重而道远。它时常在社会边缘徘徊，并容易引发许多质疑、冲突、困难和仇恨。

---

① 同上，第 212 页。

个人暴力

个体常常表露出许多暴力倾向。攻击性用于成长、进步，用于从一个阶段跨越到另一阶段。但是攻击的反面是非建设性的——我们通过毁灭他人来成就自己。

在大量的电影和文学作品中，在连环画和电子游戏领域，犯罪和暴力变得平常化。这可能会引发某些思考。

某些人喜欢向观众展示一些常人难以忍受的场景，难道这是我们内在暴力的影像化投射吗？

这会对我们的心理产生什么影响呢？这些暴力影像会在我们的记忆中留下什么样的印记呢？我们是否还会记得自己曾惊恐地缩在椅子的一角，眼里满是恐惧与害怕呢？

毫无疑问，早期恐惧的神经中转站——杏仁体接收处理了这些情绪，并将之传递给各个感受器，最终通过感受器来激活这些情绪。于是，用于自我保护，抵御外界侵略的恐惧情绪和进攻情绪就开始运转起来。可以说，这是一种真正由潜在情绪驱动的心理活动。

暴力是面对压力的一种应对方式。难道我们生存的压力竟是如此之大，以致于我们不得不借助攻击性的方式来化解吗？

★ 雷吉斯："我从小就是个孤儿，寄宿在别人家，寄人篱下。一切都令我十分困扰。为了从这种不好的遭遇中解脱出来，我得给自己穿上盔甲，让自己变得冷酷。处在一个迅速着陆的边缘化世界，我不得不把暴力作为我的防御手段和处世方式。我把自己封锁、局限在自己的小天地内。多亏遇到了不同的贵人，我得以顺利完成学业。我做出了让步，决定不再沉溺于暴力。我学会了自我担当，打算将内心的冲动发泄到一些活动上：我决定通过说话和绘画治好我的暴力倾向。这很难，但我成功了。如今，我是一个非暴力的信徒。我成了一个连环画师。我受到了认可。同时，我也在负责帮助陷入困境的年轻人重新融入社会。我需要和这些青少年多接触，发挥自己的作用，因为我曾经也是他们中的一员，我非常了解他们的境况。”

绝望的吸引

打开虚无主义哲学家齐奥朗著作的某一页，我们可以看到他对绝望和冷漠关系的推崇：

“死亡：每个人都是高尚的。生活，不像梦想那样高尚，它如同一个愚蠢、庸俗的世界末日。如果没有不真实的幻想，谁能忍受生活呢？当生存负担压得我们喘不过气来时，我们就可以忍受它了。自杀的行为实在太伟大了。但对我来说，每天都自杀一次似乎更为可怕……”[①]

① 齐奥朗：《思想的黄昏》，口袋书出版社，图书馆文献收藏系列，1993 年版，第 81、94、95 页。

阅读齐奥朗的著作，我们感受到他极其病态、悲观的思想。不管看到什么事物，他总是一副极度灰色、毫无生气的样子。这种坚持其实也是十分有趣的：正因为我们学会了自嘲，我们从中也可以看到自己的黑色幽默。

不管幽默与否，齐奥朗作为一个一直有强烈自杀倾向并发表抑郁言论的人，最终还是在高龄（84 岁）由于记忆减退和衰老才离开这个世界。他在世时，将他极力诋毁的生活过得尽可能地荒诞不经。

在艺术领域，黑暗与虚无是十分吸引人的。这涉及我们内心的怀疑、阴暗面以及敏感的部分，也使我们得以看清我们内心复杂的世界：里面有往事的影子，有微不足道的幻想，有希望逃避孤独、衰老和死亡的空想。人类因命运共同体而相互联系，对死亡都有相同的觉悟。因为某些画家或作家的作品，我们逐渐了解这些领域，由此也变得更为孤独。我们战战兢兢地进入这一世界，但同时又感到无比熟悉，似乎从前来过此地。我们分享相同的恐惧。

南茜·休斯顿在她的随笔《绝望导师》中探讨了虚无主义作家和哲学家的巨大吸引力。她认为这些人为了能被世人注意而声嘶力竭地呐喊。他们都认为在一个野蛮的世界里，人的生存是虚无的，人的境况是孤绝的。他们的观点似乎是无懈可击的绝对真理。并且，南茜·休斯顿也指出我们对这些绝望派的痴迷会影响我们自己，甚至可能当某一天我们处在人生困境时帮助我们。

黑暗是一种毫无弱点的方法，因而它吸引了众多信徒。

这些作家——亚瑟·叔本华、齐奥朗、托马斯·伯恩哈德、萨缪尔·贝克特、米兰·昆德拉、艾尔弗雷德·耶利内克（《钢琴教师》作者）、米歇尔·维勒贝克、克里斯蒂娜·安戈、莎拉·肯恩——的观点正是人类贫瘠的情感世界的反映：缺乏联结，拥有可怕的童年，不善沟通，对人体恐惧，将自己与外界隔绝。

据南茜·休斯顿说，这种黑暗想法曾经深深地吸引着年少的她。一直到她脱离青少年阶段，迈入真正充满起伏、联结和情感的成人生活，她才重新发现沟通交流的乐趣和真实生活的众多趣味。

这些虚无主义作家把人类的磨难污名化，过分夸大自己的厌世情绪。他们都把人类刻画成一种懦弱、苟且、被动的生物。他们认为人类和身体、母性、亲子关系有仇，在任何沟通中都会失败。

这些作者个人遭遇的相似性可以解释为什么他们会产生这种黑暗情结。

“我们可以察觉丧失联结、由此而来的本体模糊以及选择荒谬作为哲学态度之间的关系。”①

---

① 南茜·休斯顿：《绝望导师》，南方文献出版社，2004 年版，第 340 页。

在这一点上，我们发现基本情感关系和强烈个体结构这两个概念的重要性。这两个概念使我们能够以最基本的乐观态度和勇气来面对人生。

仔细来看，这种病态的发作和黑暗情结的涌现可以追溯到20世纪。因此，这些人是与我们同时代的。

“在21世纪初期，为何我们想要体验的（团结－宽容－民主）和我们想要作为文化消费的（反抗－暴力－孤独－绝望），这两者之间的差距日益加大？”[①]

人生意义的虚无急速地转向了死亡的荒谬。如今，我们趋向于把这看作唯一站得住脚的真理。任何更宽容、更乐观或更有建设性的说法都可能只是令人窘迫的愚蠢表现罢了。

多亏了这些作者对绝望、空虚和虚无的宣扬，我们的阴暗面才有了一个宣泄的管道。

他们的吸引力其实回应了我们生活中没能表现出来的那部分自我：自我对人生意义的怀疑，面对死亡的恐惧，面对自身消亡的威胁所受的折磨，面对自己受到排斥的痛苦。

这些虚无主义者帮助我们升华了自我的阴暗面：他们用满腹的才华、坚定的信念和一腔热忱探讨了黑暗这个命题。他们的狂热与激情令我们啧啧称奇。多亏了他们，我们的孤独感才得

① 同上，第18页。

以减轻，因为任何苦难都来自关系的破裂。由强到弱，苦难在下列情况下逐步减轻：缺少与他人的关系，维持与他人的部分关系，与他人保持亲密关系，与他人关系过于紧密。

这些作家能够把人类天性中的绝望和极度孤独转化为一种人人都理解的语言。艺术上，为了使我们对共同的脆弱性产生共鸣，他们精心设计了写作形式和写作风格。当我们还在与内心的魔鬼努力周旋之际，他们帮助了我们，使我们变得不那么绝望和孤独。虚无主义者的呼吁并非一种绝望的呐喊，因为有呼吁，就有希望。

讽刺的是，他们极力推崇的虚无主义恰恰证明了问题的另一面：他们并不孤单。相反，他们相互联结，并且喜欢和我们交谈！

我们乐于阅读这些虚无主义者的著作，乐于与他们尖锐的思想进行碰撞。这开启了我们超越先作、激发创作灵感的道路。

总结

在这一章节中，我们阐释解析了否认脆弱和沉溺于绝望的视角。首先，否认自己的弱点：这难道不会阻碍我们享受生活吗？种种案例都向我们展示了过于封闭自我会使自己缺乏活力。

其次，被绝望感牵着鼻子走并不会产生任何积极的结果。并且，一旦支撑不住，结果是十分危险的。

这两种态度都使我们想要换一种方式来生活！

自我构建的复杂性、沟通的密度、人类自我运作的协调性都影响着我们的心情。我们从中也可汲取重生的力量：生命力和创造力。因此，改变命运是可能的。

随着时间的流逝，我的职业经验告诉我，生活、痊愈、创造的动力实际上都来自我们自己，存在于我们的脆弱之中。

第五部分

如何重塑坚强人格

化脆弱为优势的具体步骤

你对这种力量一无所知，却勇往直前。

——吉耶维克

如何把自己的脆弱化为一股力量?

如何利用自己的敏感，而不是将它视为屈辱的事情?

如何将自己的敏感、情感和对生活美好兼悲剧的双重特质的认识化为一种优势呢?

我建议把脆弱当作一个促使人生进步的动力。本章的主旨在于向您提供一些思考和努力的方法，一些激发灵感的观点，以使您能从过往的苦痛和不幸经历中吸取经验和教训，从而增强自身力量和能力。因此，学会利用自己的脆弱特质，不要刻意掩藏或者否定它。

通往脆弱的旅程是学习和发现的过程。正所谓万事开头难，这一过程有时也有难关要过，有时也有令人沮丧的阶段，当然，也不乏振奋人心的时刻。

因此，我要向您提供一些参考步骤。这些步骤曾在其他旅行者寻找自我的旅程中发挥了重大作用，为他们对其他事物的渴求所驱使。通往自己敏感地带的旅程是一次面向生命本质的运动：通向自我、超我、他人，通向自己的敏感地带，通向更开阔的世界；通向创造性，通向人生的圆满。

自我认识的练习：学会认识自己

为了把脆弱化为力量，首先学习更好地认识你自己。学会内省。

脆弱的人通常喜欢内省和提问。因此，可以把这一特质用来更好地认识自己。探索灵魂使我们免于向外面搜寻答案和解释，因为外面没有答案。要把自己的脆弱化为力量，得先认识自己。事实上，如果不从自身内部汲取必要元素，何谈构建自我认识呢？如果闭上双眼，对内心深处视而不见呢？因此，在认识世界之前，首先应该认识自己。

只有当我们手握光明的火把，穿过那片自以为恐惧的生命森林时，我们才能开始看到荆棘深处自己的欲望和隐藏的动机，成功到达目的地。其实，这种恐惧就是真正认识自己的障碍。

认识自己，就是好好处理旧创伤

从过往的经历中汲取能量，为自己注入生命力。

尚未愈合的创伤使我们无法获得内心的自由，无法独立判断，更无法体验人生的多种可能性。我们可能没有意识到，背负着过去的沉重枷锁，不向外人吐露，不设法治愈它，就会使心理变得脆弱，使我们的人生选择多是以填补空白与遗憾为目的。创伤没有愈合，它就会流血、呐喊，进而寻找慰藉。

★ 伊丽丝："我的职业生涯和情感生活平淡无奇。我的工作除了稳定，几乎毫无乐趣可言。我交往的对象可以给我安全感，但其实我内心深处并不喜欢他们。我承认，我并不快乐，我没有活出自我。我所有的情感抉择都无意识地受到安全需求的左右。最初，我可以从中获得满足。但随后，这种满足便消失了，取而代之的是无聊和乏味。

"当我深入思考人生时，我意识到我的人生缺少了活力和激情。于是，我想要改变它。在努力自省中，我发觉我从未把目前的状况和过去的创伤相联系（以往任何时候都没有觉察到）：我的父亲在我十五岁时自杀了。我过去一直以为这件事没有在我人生中留下痕迹。但如今，我意识到其实恰恰相反，这件事对我而言是一个难以磨灭的伤害，因为在那之后我就无法和任何一个男人真正相处了。我父亲的去世使我在情感上产生了心理障碍。而且对此，我从未做过任何努力。在接受治疗之后，深藏在我内心的这一情感碎片被扯出，我感到自己的视野变得更为宽广了，我的人生变得从未有过的精彩。"

治疗的主要目的在于强化自我，特别是当这一自我受过童年创伤、遭遇过地位和合法性方面的问题、作为个体不被承认的时候，特别是当这一自我面临所有不幸的时候。

当然，我们也不需要总是以受害者自居。身处受害者地位固然可以使我们获得暂时的满足，但这也常常使我们掉入陷阱。因此，如果我们想要活出自我，最好尽快从受害者的角色中走出来。

“但我们不向任何人诉说自己的苦恼时，就无法从中获得解脱。”①

超越苦难使欲望获得新生。

过往即起源。

回忆，即使伤痕累累，也是深深烙印在心中的。如果我们无法自动回想起过去，精神分析疗法会有所帮助：个体自身的心理机制可以吸取并转化过往痛苦的情感经历。当然，这一机制需要激活或维护，特别是当情感创伤被分隔开或躲藏在他处。

在任何情况下，我们都能将自己的回忆和过往作为前进的基石。为了摆脱各种束缚、压抑和对未来的恐惧，不管这块基石是怎样的，我们都必须巩固它。看清自己经历过什么会使我们更好地认识自我的多种可能性，更好地识别出过往经历的闪光点，从而获得真正的发展。

有时，我们不会回忆过去，相反，我们会试图通过药物、

① 弗朗索瓦兹·多尔多：《一切皆语言》，口袋书出版社，1990年版，第117页。

某些“大众娱乐”或者沉溺于某事来忘却和麻痹面对变化时的适当能力。

然而，心理的一部分能够知道自己在回避什么。这部分心理不会自我欺骗，它常常表现为某些躯体症状和强迫行为，引发做梦、焦虑、不适等不良反应。因此，学会思考这些躯体和潜意识信号（不知谎言为何物的个体的部分），看清所有困难和难以理解的行为，首先可以帮助我们解决这些难题。观察难题、走进难题，这已然就是一种迎难而上的表现。最初，这些心理难题总是十分活跃的。但心理意识在密切观察这些难题中与其相伴发展。这就是意识形成的第一步。

因此，这类“参观家园”、更新心理机制的工作就转向更加真实的下一步。

认识自己，就是看到自己的缺点

不要忽略自己的软弱、不诚实、逃避甚至否认事实等缺点。这些就是你的弱点，一旦你认识就接受了这些，你就能进步。

一个人首先必须诚实地面对自己。这是人生的首次谢礼。这是他所能为自我成长和宽恕他人而尽的绵薄之力。

不过，对自己说实话会带来这样或那样的困扰，因而有时候，我们都是避免这项活动的。

某些人不说实话，相反，他们活在自我欺骗中。他们会经常有意甚至有时无意地向自己和他人诉说自己过去承担正面角色的经历。

为了利用我们意想不到的力量，我们首先必须面对真实的自己，不再自我欺骗，不再忽略超出自己控制的不合理机能，不再否认和他人或外界发生矛盾的缘由。

在某些时刻，我们必须转变视角，再次把目光放到自己身上。完全了解自己的优点与不足之后，我们才能向前走得更远。

意识形成

不了解自己是一种逃避的形式。不过，意识到我们在逃避是认识自己的重要一步。如果我们在逃避，就得明白我们为什么要逃避，以及在逃避什么。

随后，我们或许就能正视它，因为我们已经能够更好地觉察自己内心的恐惧，我们已经学会适当地看待恐惧、克服恐惧并且战胜恐惧了。

如果所有人给你的评价都一样，那么就得问问自己做了什么，学会勇敢地对自己说：这是真实的自己的一部分。虽然这不是真实的自己的全部，但这是你无意识向外界表露的一部分自我。你可能没有关注到来自无意识力量的这部分自我。因此，当你做出某些事情、表露某些态度时，你必须问问自己的内心，真实的意图是什么。

★ 西蒙："我交往过的对象都责怪我同一件事，我们的关系也都是以同样的方式结束的。他们都说在交往几个月后就对我心生恐惧，惧怕我的过激和暴力反应。他们说，我常常发脾气，有时甚至行为蛮横。因此，我们常常发生冲突。并且，我并不温柔，从不说甜言蜜语，她们从我身上感受不到任何安全感。

"很长一段时间内，我都拒绝承认这个说法。我觉得这是这些人对我的不公正评价，因为我不过是根据他们的行为表现做出合理反应罢了。在一段痛苦的分手之后，我决定看看别人口中负面的自己到底是什么样的。我收集了各方对我的不同看法，把这些看法放到外部来观察。我问自己：这真的是我吗？这个做法使我得以深刻地理解为什么我会做出那样的反应，为什么我会动用暴力手段。随后，我能够真实地表达自己的情感，说出自己的真实感受。这是一次全面的自我质疑。"

他人是认识自我的明镜。他们使我们看清自己，变成更好的自己。

如果我们不倾听周围的一些声音，我们就无法开启真实之路。因此，无论是自己一个人，还是有心理医生陪伴，我们最好都时不时停下来回头看看走过的路。

强大自我的首要条件在于理解和接受自己的缺点，改善自己，发展自己的优势。

没有人是完美的。每个人都有缺点，因而不需要在别人身上找缺点。

我们最好从自己出发，认识自我，向前发展。

看到别人指出我们的弱点，可以帮助我们发泄暴力情绪。

认识自己，就是学会自我承担

接受真实的自己，是发挥自己力量的开始。

自我承担，就是接受别人的议论，不隐藏自己，诚实地面对自己和他人；就是对自己不抱羞耻感，不因为自己的社会地位或某些特殊之处而感到自卑。

自我承担，就是不会为了讨好他人或者符合某类规范而对自己抱有不切实际的幻想。

自我承担，就是留心并思考自己的恐惧：我恐惧什么？我为什么要恐惧？

恐惧总是存在，即使我们没有意识到恐惧的存在。

恐惧引领我们，使我们保持清醒：我们的耳目令我们对一切事物都保持机警的态度。恐惧使我们学会保护自己，密切关注周遭的动静——因为我们很早就必须保护自己免受攻击和不公正的对待，很早就必须用沉默和秘密来保护自己。

不过，如今，我们必须打破对恐惧的沉默。在痛苦和畸形的童年过程中，这些恐惧曾在经受创伤或磨难时发挥过作用。因此，我们必须感谢恐惧。但如今，我们不再需要恐惧了。某些恐惧变得微不足道。甚至为了不阻碍我们的灵感，我们可以抛弃恐惧。当然，恐惧不会完全消失。它亟待我们进一步研究，确认它的强度，它的基础，从而战胜恐惧，弱化恐惧，抛弃恐惧。

★ 拉埃蒂蒂雅："当我面对权威时，我有心理障碍，我变得卑躬屈膝，我变得不再是我自己。当面对上级或者听上级讲工作上的事情时，我总是害怕自己做得不好。我可以感受到领导的敌意和不满。我意识到我并没有发挥出自己的正常水平。这种情况让我十分吃亏。我思索究竟是什么原因造成了这个问题。最终，我意识到自己现有的这种恐惧，得追溯到小时候和父母奶奶住在一块的经历。奶奶作为长辈，掌管着家中大大小小的事情。我的父母不敢顶撞她，甚至当她强迫我们接受某些难以忍受的事情时，他们也不敢反抗。她不喜欢我，至少我是这么想的。她似乎只喜欢一个人：我的弟弟。我一直认为她不喜欢我只是因为我是女生，她更偏爱男生。长大后，我把这种恐惧带到男权至上的职场中。

"通过战胜恐惧，找寻恐惧的原因，我最终成功地将童年的经历与职场生活分隔开。我回想起那些让我父母屈服于这个女人的原因。我并不想重蹈覆辙。于是,我得以从中解脱,获得安宁,与过去保持距离,并看到现在的恐惧逐渐减弱,因为现在的恐惧只是过去的反映。”

脆弱藏于明显的内向性之下,这是许多脆弱个体的共同特点。内向表明自己对内在的关注,说明自己独处时更为自在。外向正好相反,代表着一种更为外放的表现方式,说明个体乐于和外界交流。这两个概念,就像阴与阳,是互补的。

不过,内向有时会与轻视、自负甚至无能相联系。一个内向的人也经常类似于胆小、压抑、害羞、保守、麻木的人。

因此,许多内向的人都觉得自己是异类,和别人不一样,因此自我评价并不高。

内向人群的负面印象

在一个极力推崇外向、卖弄、透明、夸张和粗鄙的社会中,害羞、拘谨、有分寸感、沉着镇定、喜欢思考,不害怕黑暗和孤独的人并没有受到良好的评价。一个乖巧懂事的小孩会被怀疑过于压抑和迟钝;而且似乎就在几年前,我们还认为他的态度是正常的。

甚至在成功之后,拘谨的人仍然不受一些人的喜爱。比如说巴拉克·奥巴马，他是一个出名的内向个体，虽然当了两届美国总统，但还是由于被认为自负傲慢、不能迎合民众的喜好、在公共场合过于谨慎克制（有人甚至认为这是一种冷漠）而广受诟病和批评。他对回归家庭的渴望、他与某些学者的接触并不能为他从某些人那里获得一点好感。[①]

认识内向的价值和优势。不要压抑自己的内向，不要把它当作一个缺点来逃避：恰恰相反，当与情感相联系时，你会看到内向是一种强大的证明。

接受自己的脆弱，这可能是认识到自己某些不为人知的特质可以发光发热的重要一步：

◎ 谨慎，有分寸感，谦虚，乖巧；
◎ 听话，喜欢深入、多样的交流；
◎ 注重情感世界；
◎ 努力工作，好学，好思，好辩，喜欢探究某些严肃的议题；
◎ 稳重，周到，井井有条；
◎ 不受某些套路、陈腔滥调的影响，不先入为主……

以上这些特质是值得发展的，因为这些都非常罕见、珍贵。

有时，我们喜欢幻想，希望用一个更加平静、审慎的世界

① 罗丽·霍克：《内向的力量》，埃罗勒出版社，2013 年版。

来代替这个急躁、消费至上、喧闹、疯狂和野心勃勃的世界，代替这个因为人类群体的身份危机而冲突四起，充满矛盾、对抗的世界。

“如果我们鼓励人享受孤独、多多思考（这是内向群体的维生素），如果我们允许自己面对无聊时不惊慌，这会是一件多么美好的事啊……”[①]

认识自己，就是和真正的自己和解

学会在自己的矛盾和磨难中寻找统一、协调、和谐，从而找到自己的独特之处。

如果我正确地认识了自己，那么我就能在内心深处的自我和向外界展示的自我之间保持一致。如果我们可以认识到自己身上有可靠感，那么我们就是可靠的，首先面对自己是可靠的。从而，在于他人相处过程中，我们也会自动表现出可靠感。

虽然这并不意味着什么话都说，但这肯定不是自我欺骗。这实际上是去认识自我感知到的自己是什么样的。也就是说，不要试图扮演不符合自己的角色，不要试图伪造一个不真实的自我，

① 同上，第 165 页。

因为这会引发明显的不适。采取一种符合自己的处世态度，诚实真挚地面对自己。相由心生，外在可感知的和谐一定来自内在。

这种内外一致性会使自己的心态变得统一、稳定且强大，令人对他产生如下评价："我可以信任这个人，因为他表里如一。他没有伪装，他就是这个样子。"

这使人真实，活在当下。

"如此，我变得正直、表里如一、言行一致，我能够做内心真正的自己。"[①]

遭遇困难使我们成为真实的自己。如果我们体会到真实的力量，如果我们努力在真实的道路上成为更加自由的个体，我们就不能再伪装了。

内外协调是很难达到的。这需要一段相当长时间的内修，一个对自己的良好认知以及一个能与自己和平相处的自己。

认识自己，就是超越本来的自己

在你身上，还有另一面。学会发觉自己的另一面，学会相信它。

---

① 卡尔·罗杰斯：《论人的成长》，杜诺出版社，1978年版，第39页。

接受不完美，接受不圆满，但不要止步不前，沾沾自喜。超越自己的弱点，将其化为自己的力量，这就是所谓“在自己身上找动力”。

变得脆弱，就是学会自问，学会对世界发问；就是懂得世事无常，即使在顺境中也不感到自满。变得脆弱，就是学会抗争、超越自我；就是在认识自己之后，依然能够追寻某样东西；就是迎难而上，就是勇敢地披荆斩棘、追求梦想。

变得脆弱，就是不抛弃、不放弃，或者说不长时间地放弃，因为我们知道绝望可以摧毁任何东西。我们已经知道了崩溃和孤独的滋味。于是，我们自我怀疑，我们草木皆兵，我们在心防上筑起一堵更高的墙。我们变得比一般人更加警觉，我们变得更加敏感、尖锐。我们对任何事情都不确定。我们找寻着，我们继续大步向前……

为了一直往前发展，我们依靠外物，神经紧张，努力斗争！我们不满足于仅仅只是活着。于是，我们的生活超出了自己的经济能力，超出了自己原本的规划范围，因为为了克服困难，我们本就应该付出常人所不及的努力。

★ 迪亚娜：“我的人生道路在混乱中起步，因为我的父母不在一起生活，他们来自非常不同的社会环境。他们没有抚养过我。我被托付给爷爷奶奶照顾，一直到我十一岁。之后，我的母亲再婚了，她就把我接到身边。于是，我不得不和两个完全陌生的人——我的继兄和继父——住在同一个屋檐下。这并不简单。我专心学习和阅读，基本不和家人沟通，特别是我的母亲。我内心深处还是责怪她曾抛弃过我。我不得不在混乱的青少年阶段后重新构建自己的人生。之后，我成了一个极度好斗的人，从不肯松懈一丝一毫。我埋头拼搏在自己的事业道路上，变得极为自主，极为孤单。其实对于我的过去，我还是感到十分骄傲的。因为我知道我能够从过往的困难中汲取一股力量，而这是那些一路顺遂的人绝不可能获得的。”

因此，尽管道路上障碍重重，我们也必须为了实现目标去克服它们。为了汲取正能量，我们必须挖掘自己的内心，以一个幸存者的姿态自处。对于某些脆弱的人，生存有着特殊的代价，因为生存就是从中获取高位，就是不被人轻易击退。

在一次采访[①]中，法国演员兰伯特·威尔森曾说到自己如何克服脆弱、战胜信心不足的问题。

“在很长一段时间内，我过得很糟，因为过于紧张、不自在，被镜头、关注的人群和各种评价所困扰。”

据他所说，他花了很多年的时间来战胜自我，因为过去

① 引自法国国际电视台丽贝卡·曼佐尼主持的一档名为《Eclectik》的节目采访（2013年6月2日）。

他总是害怕受到评判，对此感到心神不宁。

他还得解决缺乏信心的问题。由于在演艺圈的杰出成就，父母亲对他的批评更令他的自信心受挫。

“在起初的二十年，父母亲对我的评价是非常负面的。这严重阻碍了我自信心的树立。”

在采访中，兰伯特·威尔森讲述了自己面对喜欢的人感到低人一等，并且由于害怕惹人讨厌而选择沉默不表白的故事。

只有当他不再想要千方百计地讨好对方时，他才不会为自己的不适感到痛苦。也就是说，当他能够做自己，不害怕别人的评判，不感到自卑时，他才不会为自己的不适感到痛苦。

“某些导演磨炼了我，拜他们所赐，我最终得以成为一个更好的演员。”

直面自己脆弱的恐惧是一种考验。为了把缺乏信心的弱点转化为创作上的价值，我们要有坚忍不拔的意志，要有敢于斗争的精神。

这个脆弱的人，对长时间暴露在他人目光之下感到极为不适，他想要通过封闭自我的方式，来逃避权威的控制和外界的评判。但他的所有经历又使他不得不受到恐惧的折磨。

面对痛苦的练习：走入自己的痛苦

不要逃避你的不安、悲伤和困难。这些都象征着你的敏感，会丰富你的人生。多亏了这些，你才变得与众不同。

脆弱并不是能够轻易经历的：脆弱给生活带来痛苦。不过，在这一痛苦的内部却蕴藏着丰富的意义。走入痛苦，而非逃避痛苦。学会从最基础的事情中找寻生活的动力。

许多人认为应该借助药物将情感的伤害最小化，从而避免令人不安的情绪产生。但是情感就是生活，刻意压抑自己的痛苦就是割裂自我。因为痛苦是一笔宝贵的财富，它产生了真实自我的一部分。

感受自己的与众不同

不要试图模仿，做你自己。

作家兼哲学家亚历山大·乔连安讲述了他从三岁至二十岁

在所谓的“中心”度过的寄宿岁月。正如他所说的，这是瑞士一个著名的面向运动机能残缺人士的机构。一出生，亚历山大的脐带就长在了颈部。伴随着众多后遗症，亚历山大幸存了下来。不过平时，他不得不待在这个特殊机构，远离自己的家人。

他的经历说明了活得与众不同的确是有困难的。在世俗眼光下，他是“不正常”的，因此，亚历山大必须费尽心思让自己变得“正常”。但这恰恰是不可能的。这种生理上的缺陷使亚历山大的努力毫无意义，只是徒增痛苦、沮丧、挫败感和异常感罢了。

“有些人建议我找一些模仿对象，用一些套路，绝不要走入自己内心的最深处去寻找素材，因为这是最令人生畏的做法：从自我的焦虑中寻找。”[①]

这一结论清晰明了、直截了当：忙于照顾自己和同伴的人总是处于一种习惯性的疏离状态。面对那些孩子，尽管他们也曾经是其中的一分子，但几乎没有人能够真正袒露心声。大家都极其痛苦和孤独。这些成年人因而想要迎头赶上，缩小差距，成为最符合世俗规范的那一群人，但却遭遇了迷惘

① 亚历山大·乔连安：《对弱小的礼赞》，马拉布出版社，2012年3月版，第40页。

的痛苦：差距总是存在的。今天，亚历山大·乔连安可以说他已经从自己的痛苦深处找到了现在的力量源泉。而对他帮助最大的是那些真实诚恳、一路陪伴的人。他们既不高高在上，也不怜悯同情。他们只是简单地鼓励亚历山大重视自己的痛苦，学会与之抗争。在《对弱小的礼赞》一书中，亚历山大提到了他的同学热罗姆。这是一个瘫痪在床，只能说出“你好吗？”一句话的人。他付出了非人的努力，只是为了做出一些最简单的动作，比如说，走路。这深深地鼓舞了亚历山大。

“他让我不得不重回自己的过去，正视自己的缺陷，进入人性的深处。当他问我过得如何时，他可能只是想简单地表达：虽然我们的人生是有缺陷的，但你我都好好地活在这个世界上，这就足够令人欣喜了。”[①]

置之死地而后生

坠入深渊的底部，处于真空之下，才能焕发新生，王者归来。

经历苦难就如同坠入深渊。始料未及的中断是人生的一种考验；被宣告死亡、重病、远行和遗散完全打乱了我们的生活，

① 同上，第 40 页。

有时甚至扰乱了我们的人生轨迹。任何突如其来的冲击都是对心灵的一次重创。这使我们跨越自己最脆弱、最笃定的区域，跨越那些我们长期以为已然跨越的区域，跨越那些我们从未涉猎的区域。

这是我们放低自我痛苦，通过层层阻碍，一步步触及真实自我的一种表现。这是一道裂缝。

经历一次考验，就是一个感受孤独、面对困难的过程。我们不再依靠集体经验而生存，相反，我们不走寻常路。这也使我们放低了自己，赋予了我们与众不同的感觉。如何能够愿意把姿态放得这么低？如何面对考验的不公，特别是当别人十分幸运、顺遂的时候呢？

这个冲击使我们从阴霾中醒来，使我们变得清醒；突然之间，光灭了。

“不可思议的事情总是能使我们震惊。我们自认为能够躲过考验，一直待在象牙塔中，做一个触不可及的个体。”①

因此，冲击就如同一个显示器，使我们得以回顾过往，察觉出可能不是所有事情都如我们想象的那么美好，这使我们发现自己戴着假面具，内心藏着许多事。而重走这条道路可以带来新的认识，获取新的进步，从而开启新的人生篇章——未来

① 玛丽－丽兹·拉邦代：《断裂点》，阿尔班·米歇尔出版社，2009年版，第22页。

的人生篇章。当然，冲击也可能击退我们，使我们沉湎于过去的悲剧。在心情平复之前，在我们能够重新起航之前，我们总是忍不住不停地揭过去的伤疤，有时甚至久久沉浸其中，无法自拔。

受到冲击之后，尽管新的驾驶舱有明显的缺陷，我们还是在其中探测到了鲜为人知的隐蔽之处。

带着这一认识，我们没完没了地反复检查，搜索记忆片段，重新调整自己，根据事件漫游记忆花园。

这是一项基本的、不可或缺的心理工作。

在这次入门的旅程里发现什么是失去的痛苦，为生命成长的沃土提供了基础的能量。

失去带来的冲击使我们接触了死亡，终结了幻想。直面真实的严酷使自我转变成为可能。

“这种从云端跌落的感觉开启了我们的入门之旅。”[①]

★ 马蒂亚斯：“我的爱人是在一次车祸中丧生的。车祸发生的那天深深地刻在我的脑海中，难以抹去：我如何得知这一噩耗，那时我身处何处，别人对我说了什么，我怎样渐渐接受这一难以置信的消息，我如何调查寻找车祸的原因……但在那之后的好几个月，我完全活在地狱里。我们俩刚刚

① 同上，第 193 页。

搬入的新套房、我们的旅行、结婚和育儿计划，我们默契、欢乐的时光，我们吵架的片段，所有这些都不断涌入我的脑海。在好几个月的时间里，房里物品的摆放仍然是他那天早晨离开家时的样子。我仍然留着他所有的衣物和抽屉里满满当当的物品。我什么都不想丢，什么都不想改变。如今，我意识到是时候在人生道路上重新启程了。于是，我整理了他的物品，更换了套房，开始了一段新的感情。过去的大门里虽然有着一段美丽的故事，我还是选择把它紧紧地关上。我告诉自己，有了这扇紧闭的大门，我可以体味人生的其他滋味。之后，虽然曾经的记忆依然不断涌入脑海，不过渐渐地，记忆褪去了本来的颜色，脱离了原本的承载物。这一段过往仍在记忆中占有一席之地，不过变成了老照片的黑白色。因此，我可以把记忆空位留给新的美好经历。”

哀悼

精神上的哀悼一旦完成，我们就可以重新开始一段新的人生旅途，重新找回失去的感觉，重新发现生活的趣味。为此，我们必须经历失望、放弃这个痛苦却又必要的过程。不过我们自己常常十分抵触放弃这件事。这也是为什么告别工作常常花费许多时间。为了完成哀悼仪式，我们要抛弃幻想，抛弃自认为可以留住已然失去的一切的幻想。我们要接受离别，放弃占有，停止在失去面前不计代价、不顾一切地占有、支配。

在我们的人生旅途中，我们会做许多次的哀悼：哀悼青春，哀悼青涩的爱恋，哀悼自己的童年，哀悼自己的父母，哀悼自己的梦想。

哀悼代表着我们认识到失去是无可挽回的。不过悲剧在于这些一次又一次的失去是极为痛苦且难以忍受的。尽管这些是不可抗拒的，我们还是常常选择尽可能地回避。可能人类生命的所有能量就由此而来吧。

在打击之后重生

每一次打击、每一场重病、每一场哀悼之后，都是一次新生。

“新生”这一词的含义是双重的。

首先，“新生”意味着“多次经历同一事物”：纠缠人、令人难以忘怀的忧虑，悲伤，痛苦，恐惧。真正的生活时而平稳向前，时而缓慢前进，时而温暖柔和。岁月包含了种种失败、失望、挫折和死亡。

同时，“新生”也意味着“再活一次”，因为不管顺境还是逆境，生活就在那儿。告别之后就是重塑的时候了。深陷于绝境之中，新生使我们找到了溯流而上的力量。

新生并不是走回头路。相反，它意味着怀揣新的力量勇敢前进。新生是一次在过往经历基础上的再创造，是为之后的生命创造出另一种回响。在新生过程中，会有新的感受，新的体验。新生，就是改变，就是创造力。

“当阳光再次照耀麻木不仁的面庞时，是否仅仅通过忘却过往的苦痛，我们就能重新获得力量、重新体味到生活的乐趣呢？是否还要通过更新、创造，通过某种积极但又绝对的事情来达到呢？”[①]

重新征服自己并非易事。它必须通过回忆，通过联结较低层次的痛苦来唤醒自己、再次经受考验。

只有通过考验，我们才能重新找到自我。失去的痛苦破坏了生活的冲劲：只有当过往的伤疤被揭开，被转化为语言，并且得到支持和帮助时，我们才能重塑自我。

创伤是关系断裂的表现，它会引发离别的痛苦，使人产生被抛弃、被孤立的感觉。并且，重塑自我也需要通过各种人际关系——朋友，心理治疗师和家人——来达成。

对某些人来说，忘却、掩盖不幸是继续活着的一种手段：与其努力回忆，抓住过去不放，不如什么也不想，什么也不要记起。但是，忘记根本不存在——我们所有的感情都是可回想的。如

① 弗雷德里克·沃姆斯：《重生：感受我们的创伤和力量》，弗拉马里翁出版社，2012 年版，第 59 页。

果我们希望思考人生、创造人生，我们就不能逃避回忆。相反，我们应该把回忆完全装进脑海里。

生活中的打击使我们不得不反省自己掌握命运的能力，思考自己看待未来的方式，思索自己遇到的阻碍和获得的成功。它迫使我们重新反思过去的生活：究竟发生了什么才造成今天这样的局面？我没明白什么，或者我想明白什么？我会面对什么？为什么这件事如此似曾相识？以前好像也发生过类似的事件？

★ 莫德："爱人突然离开对我来说是一次重大的打击。我身处极度的绝望之中难以自拔。这次打击使我明白自己走错了路。我已经不是我自己了，我活在幻想之中，自我欺骗。他离开之后，我完全失去了自我，失去了振作起来的能力。我只是一个玩偶，一个傀儡。为什么在失去他之后我丧失了所有力量呢？我突然不再知道自己是谁。但很奇怪，我内心很清楚这个打击是不可避免、甚至是可以预料、命中注定的。我们的伴侣关系没法长久地维持，因为关系的弱点显而易见。今天，重新审视这段关系，我知道这不过是结束在应该结束的时候。同时，回顾自己的过往，我在其中找到了共鸣。回忆之路益处多多。我看到过去的自己由于自出生之日起遭遇的种种事情而缺乏安全感，并且在之后拼命地在外界找寻。经历了巨大的痛苦之后，最终，我们内心获得了一种安定和自信。而这是我们长久以来所遗忘的东西。”

“爱情的失去引发我们的思考。”[①]

重获新生，就是重新创造自我。路是另外一条路，我们也不再是从前的自己，因此，我们的活法也不一样。脆弱使我们重新找到本真的自我。如今，我们的人生方向更加明确，我们变得更加自主独立，我们拥有了全新的活力。改变会开始，并且会继续。改变来自一股主流，这股主流会创造其他的潮流。

感受自己的敏感

为你的敏感和内心的丰富而自豪，让它们变得不可或缺：生命力和创造力的源泉。

脆弱是一种财富

当我们拥有内在财富时，我们需要好好呵护它，因为是它使我们与众不同。

试着重视自己的敏感，不要糟蹋了它，不要只把它当作一种异样的情绪。不要贬低自己的心理活动，它是人类生存和自由不可或缺的一部分。

---

① 让－克罗德·里昂德：《脆弱是一种幸福》，阿尔班·米歇尔出版社，2007年版，第53页。

敏感不会削弱我们的力量。相反，敏感使我们升华。它是深刻人性的言语，使我们重视意义和价值的存在。

脆弱促使变化萌芽。它表现为一种询问形式：“对于我现在的人生，我想把它变成什么样子？”

接受自己的脆弱，就是允许自己活得不一样。当我们不断走向真正的自己时，必然会有孤独，会有歇息与寻根的重要时刻。

★ 范妮：“在很长一段时间内，我是逃避孤独的。孤独使我苦恼。我想和别人一样：选择传统的生活方式，符合一般的社会规则。于是，我时常外出，我极力夸耀自己。我变得极度活跃。然而，在我的人生经历一些变故之后，一些质疑大大地打击了我。我需要重新找回自己，重新习惯不被人簇拥的生活。我曾逃避孤独，但如今，我不想再逃避了。我想要找回孤独、强化孤独。我想要独辟蹊径。从前，当孤独被认为是不好、不正常时，我想要变得‘正常’；但现在，我只想做我自己。”

考验之后，迎来的就是宁静，它使我们的内在得以重新整顿、集中，使我们得以倾听内心的声音。

沉思默想帮助我们获得平静，在考验的积累中，我们获取了生命的力量。这也可以是一次精神追求的机会。

焦虑也是创造的来源

我们的焦虑是创造的来源。艺术是焦虑的一种表现形式。有多少艺术家为了创造他们的作品，为了超越原先的艺术水平而从这种刺激中获取灵感呢？

“焦虑是我们生活的一部分。它使我们看到了真实，使我们面向未来，使我们知道没有什么是绝对的。”[①]

精力和意识在另一水平下的根本欲望来自生存的焦虑。从这些阴暗的、难以描述的部分中，涌现出一阵新生活的气息。但当心理上的痛苦出现时，我们要学会理解、接纳它，从而让生命力四处涌流，超越生存的苦痛。

焦虑是一种需要倾听的特殊信号。这一信号如同一座灯塔，代表着：“至关重要的问题已经被触及。”应该在这座灯塔的指引下，去海边探寻周围都有些什么。

如果我们以减轻焦虑为借口来逃避它，那么它迟早会变成一种病：焦虑是一种压力的表现。不面对焦虑等于一直处在高压状态之下，会有毁灭性的后果。

“痊愈并非一件好事，因为痊愈就意味着经历磨难，能够忍受磨难。”[②]

---

① 安德烈·孔特－斯蓬维尔：《即兴之作》，法国大学联合出版社，批判视角系列，1996年版，第10页。

② 阿兰·埃亨伯格：《疲于保持自我》，奥迪勒·雅各布出版社，2000年版，第256页。

如果焦虑未能被理解或重视，那么它可能会趁着个体处于舒适状态，侵入个体的心理世界。

当然，有时候，当焦虑变得不可忍受时，我们必须减轻焦虑。每个人都只能自己判断是否还能够忍受焦虑。每个人都有权决定是否要继续忍受焦虑。

为了把焦虑变成一个协助者，一个认识事物的来源，我们必须不断地对其进行质询：焦虑想对我说什么？焦虑教会了我什么？如果一直都存在明显的焦虑，我的生活会发生什么？

痊愈，就是在调整中前进。调整或由疾病产生，或由生活中的不幸引发。痊愈，也是在新的认知下前进。新的认知来自和焦虑的激战。

“没有努力，没有锻炼，没有涉及自我的叙述，就没有痊愈一说，因为这其中没有‘我’。”[①]

面对分离、排斥、质疑和生活的改变，经历苦难是不可避免的。如果刻意逃避苦难，就会失去自己最根本的活力。

深入自己内心深处?

深入自己内心深处使我们得以找到追溯过去的力量。

倾听自己的内心感受，就是注意表达情感的身体部位。

① 同上，第 256 页。

我会一度停下来问我自己："我的身体里发生了什么？我感受到什么？在身体什么部位有紧张、压力、肿胀或是症结？"

倾听自己的内心感受，就是充分感受悲伤、忧虑、焦急、气馁或是不安的时刻。

我欢迎各种情绪的到来，我重视情绪，我向情绪发问。我选择用静默的方式来思考这些情绪。我不把情绪当作敌人，相反，情绪其实是人生路上的指示牌：情绪究竟想告诉我们什么呢？

为了获得共鸣，我甚至阅读我最喜欢的某些作家的选段，因为他们能够很好地说出我内心的想法，他们的文字正好反映了我内心深处的焦虑。

倾听自己的内心感受，也是追溯时光，思考着："这悲伤、焦虑的时刻是因为什么？什么引发了这些情绪？先前有其他的焦虑吗？如果有，原因是什么？除此之外，如今在我的生活中还会发生什么呢？现在是什么阻止我享受生活呢？"

★ 诺拉："当我感到焦虑时，我会承认焦虑的存在，因为这是我苦恼的表现。不过，曾经在很长一段时间里，我并不想谈论焦虑。我选择通过服用止痛药或者和朋友一起出去来排解焦虑。但是焦虑的情绪变得越来越频繁。我问自己到底是什么出了问题。于是，我决定不再逃避焦虑。相反，我决定放下自己，重新体会和探索自己的人生。我意识到我已经习惯于生活中的某些焦虑或者不适的小信号，我意识到自己正处在极大的压力之下。我思考每一个焦虑的信号，不逃避，不隐藏。我最终懂得了自己的人生到底出了什么问题。特别是我能够正确看待变化了。例如在工作上，过去为了填补缺少组织的空白，我把自己的时间安排得满满当当，我不得不面对上级的无能，这一切都让我失去了自我。但我没有意识到这样的人生在蚕食着我。我失去了所有的兴趣，面对最初的激情也已经没有任何动力。我度过了一段意识苏醒但又自我怀疑的黑暗时期。不过最终，我还是迎来了彩虹。我接受并战胜了自己的失望，不再想不顾一切甚至以健康为代价求得事情的发展。我完全重塑了自我。我甚至开始打算更换职业，因为我认识到自己想要其他东西，想要能让我获得新生的东西。”

焦虑需要被重视，否则它会转变为牵绊终生的疾病。

自我力量的练习：发挥自己的潜能

认识到自己的力量，成为自己人生的主人。学会认识并信任自己生活的素材：欲望、情绪和心理。好好利用它们。

把理智当作盟友

好好利用自己的理智来理解和解放自己。

理智就是一种智力的练习，一种思考的能力，就是发表意见时三思而后行。

多亏了理智，我们才能发挥自己的直觉、敏感、眼力和学问。如果理智允许情感自由地表现，如果自我判断不限制情感的发展，理智会成为一种力量。

当然，过于理智会使情感的自由活动变得僵硬、不顺畅。另外，当理智得到巩固和联系，敏感的个体就会放弃原先习以为常、尽在掌控之中的那部分东西。重视理智使我们懂得放弃。如果我们没有自信，如果不是确认好了自己的后路，我们不会轻易放弃。不过，这需要事前准备和努力。如此一来，我们才可以接纳自己的内心，将它暴露在阳光之下。要做到这点，首先必须减少不必要的焦虑。否则，一旦我们放松限制条件和惯例习惯，焦虑就会更大。

根据自己的个人经验和知识形成自己的思维模式，锻炼自己的智力，形成更加开放的智慧：这是有可能的。

重新认识自己的力量

重新认识自己的力量，与自我痊愈能力相联系，认可自己的优点，发展自己的优点，学会信任并利用自己的优点。

你已经测试过自己的抗击打能力和最大程度吸取能量的能力。因此，你能够知晓自己的力量，了解自己反抗和战斗的能力，从而让自己不被记忆的创伤打败。

你身上的这一力量，你清清楚楚地知道它的存在。有时候，当你没有信心的时候，想想它。它就在那儿，它能在你想要的时候发挥作用，它是你重整旗鼓、调整自己、重新出发的一种本钱，它是你对抗挫折、面对生活信心不足时的一个支撑。

只要你发挥自我疗愈的能力，给它发挥的机会，你就可以依赖它。它会使你度过消极防御的灰色时光，走入积极建设的人生阶段。

解决之道并不在外面，而在我们的内心。

为了医治创伤，增强生活能力，成为真正的自己，我们也许可以从自己身上提取自己所需要的东西。

我们能够学会如何利用自己的身心条件来获得新生，把苦恼变为力量，不让自己被疾病纠缠。

“放下自己受害者的姿态，成为自我疗愈的主人。这也让磨难的考验有了另外一层含义。”[①]

不论最初的故事怎样发展，不论童年带给我们什么创伤，我们依然拥有一股生命的活力。这种活力有时可能需要修复，有时可能需要调动一下积极性。

一旦你承认自己的弱点、限制和约束，你就必须认识到自己可以依靠、信赖哪些优点。

在所有的优点或者不足中，有一个品质是至关重要的。

◎ 如果你内心非常敏感，你就需要发挥自己的直觉。你的情绪强度有时可能会折磨你，使你的生活变得忙乱、紧张。你不合时宜的内向有必然的影响：感知敏锐、认真可靠、

① 蒂埃里·杨森：《内在解决》，法亚尔出版社，2008 年版，第 119 页。

沉着冷静。艰苦的岁月赋予你一种特殊的敏感度，一种敢于斗争、坚忍不拔的精神。你的完美主义虽然并不总是使你愉悦，但有可能需要运用在你热爱的事情上；完美主义会对你有益，使你内心怀抱热情。

◎ 你是否能更快地接受事物？或者更慢？不管在哪种情况下，你总能发挥自己的优点，遵循自己的生活步调，根据它来调整自己的活动。

其实，所有的事情都是如此：不要压抑它，学会承认、重视成就今天的我的一切。

直面自己的欲望

重新正视自己的欲望，这是生命的基本能量。

欲望是一种能量，是我们生活的力量。我们要重新正视欲望。否则，我们将错过真正的自己。寻找和欲望的联结使我们找到自己的成就。

对脆弱的人来说，没有什么是容易的。他们不会轻易满足。脆弱是一扇通向自己情感、疑惑的大门，它使我们形成自己的个性，不随波逐流、人云亦云，只是为了自我成长、自我保护、自我管理、探求自我。正是如此，脆弱使我们思考能够激发活力的欲望，寻找自己的动力所在。

正视自己的欲望并不意味着向自己屈服，因为欲望只有一个——自我满足。因此，如果自我不能获得满足，只有一个结果——难以忍受、令人不安的沮丧感。

正视自己的欲望，就是成为一个自由的个体——“我”。这一自由个体怀揣着欲望向前迈进，做出自己的选择、行为，试图超越自我。

其实，成为主体，敢于说“我”，这是在生命面前对自由、个性和责任的肯定。这是一步步形成的，有时甚至还会遇到些许困难，比如面对某些选择时的孤独无助。在一段讲究的故事中，有多种选择。但这些选择绝不是优先为了满足欲望的，而是为了探究自主性，把批判精神和个人化相联系。因此，这并不是一种基于乐趣的消耗（乐趣并没有被排除，但在此欲望更为重要）。

自由个体从拥有多种混杂的愿望到只剩下一个愿望——渡过难关。这也促使生命的力量转化为个体创造性全面发展的力量。

★ 里夏尔："我曾经很想参与帮助他人的公益活动。从青少年时期我就一直怀揣这一愿望。我学习成绩一直很好，符合所学领域理想专业人士的标准。我有了一份专业对口的工作，但我一直隐隐有些不满足。于是，我花了许多年的时间来实现这一愿望。渐渐地，最开始还不成形的心愿变为了能够清晰勾勒出愿景的蓝图。我做了一些实习，接受了一些培训，参加了一些研修班。我花了很长时间来了解我的新职业，因为它满足了我的兴趣，大大丰富了我的人生。离开自己既定的路，前往另一条前景不明的路，这不是一件容易的事。我没有后悔过。我的确成了更好的自己。金钱和稳定不再是我生活的动力。我也不再处于压力之下。我以真正的自我在活着。”

如果不与生命的本质——欲望、生命冲动——相联系，如何能够接受自我不可避免的终结和生命中的短暂突破？生活一直都在那儿，以后也会继续。因此，不要让焦虑吞噬了自我。

不满是一种动力——不满足感开启了欲望的大门。如果我是满足的，我就不再有欲望。因此，正是我的不满推着我去行动，去和别人交往。这也使我不得不正视自己的脆弱，摘下自己全知全能的标签。我自己决定要什么样的人生。

获取新知识，和别人分享，在大自然中寻找自己的根，这些都是快乐的欲望载体，帮助我们远离苦难。

欲望就是生活。我们为了欲望而行动，我们在它的约束下成长，我们带着它制定未来的计划。

我们通过考虑别人的欲望，和他们互动来思考自己的欲望，来设定自己的愿望。

运用自己的情绪学问

找回自己的情绪：它是一种“心的智慧”[1]，影响生活的和谐。

情绪是一种心理活动，它反映我们的内在，表现我们的生活品质。

情绪使我们和外界产生共鸣。我们用情绪进行沟通，并且不断适应不同的情绪。它能产生情绪同化和相互理解。

情绪是人类所共有的。养成承认情绪并且命名和喜爱情绪的习惯是可能的。

肉体和精神上的自我不断壮大，逐渐超过了智力上的学问。学问知识只使用了我们精神的一部分，它不能给予我们全面、完整的感知。

我们必须学会和自己的情绪打交道，理解、倾听自己的情绪，因为情绪使我们能够理解这个世界，理解他人。

我们的情绪生活表现在我们的身体上，并穿越身体到达另一个层次。

生活的潮流在情绪上影响着人的身体。而每个人的身体都有自己的特点。每个人的内心都住着一个“我”。

---

① 伊莎贝尔·菲里奥扎。

欲望和情绪有身体上的表现，并对身体产生重大影响。身心是不可分离、紧密相连的。因而，我们必须同时了解自己的身心。通过身心一体化，我们提高了能力，加深了对自己为人处事方式的了解。这也创造了统一性，还有唯一性。

将具象的记忆变为身心理解与协调的源头。这就是超越自己的脆弱和生存意识的关键所在。

作为压力的贮藏器，我们的身体很容易被影响，身体会通过多种症状来反映我们受到的磨难。试着不要和自己的身体作对，不要否定它，不要忽略它。不要只是使用身体来做一些重复性、消耗精力、只以出色成绩为目的的活动，比如沉迷于运动。相反，要好好照顾自己的身体。

身体既包含力量，也有弱点。它迅速矫健但又容易疲劳，它充满力量但又微小孱弱，它僵硬呆板但又灵活柔软，它不总是挺拔，它年轻但也会衰老……不过，身体是我们可以信赖的最大王牌。

情绪障碍会引发身体上的紧张，产生严重的后果：

- 身体上：精力减少，免疫力下降；
- 心理上：思想麻痹，欲望减少，抑郁。

情绪如果没有在心理上抒发出来，就会阻止身体精力的发展。

相反，如果你允许情绪有一个心理抒发的通道，无处发泄的精力就会再次在身体内畅通无阻地运行，身体会摆脱压力，精力上的阻碍会减少。

身体是一个协助者，可以帮助你找到自我疗愈的力量。

身 心

在所有提及心理运作的案例中，身体是必不可少的首要因素，与心理世界关系紧密。身体的症状可以反映心理冲动是否得到满足。症状处于身体内,通过身体表现出来。身体支持心理，它是心理发泄的管道。身心的结合是必然的，不存在身心分离的状况。不过，身心在何处结合？在人体的哪个部分？

当我们想到情绪、经历情绪时，我们身体内的细胞交流、心脏跳动、呼吸节奏、神经突触、神经递质、激素分泌、肠道菌群等都会受到影响（神经冲动）。科学告诉我们要做到完全的身心统一。但是,在我们的思想机制、教育方式和医疗体制方面，我们还是继续花费大量时间在做一些身心分离的事情。

任何内省和自我沉淀都必须通过身体来完成，比如冥想、呼吸等。同时，我们也可以运用一些能量技术手段来帮助自己找到身心的协调统一。

自我构建的练习：成为自己人生的主人

成为自己人生故事的主人。规划自己的人生道路，以追寻意义为目的出发，寻找各种人生路径，不要害怕迷路，不要害怕受骗，你总能从中得到收获。利用人生的低潮期好好思考人生。

身有所依，但你犹疑不定，左右为难。面对未来的不确定，你问自己，到底是什么成就了今天的自己。现在，是时候做自己故事的主人了，是时候转变人生的步调了。

成为自己人生的主人，就是从行动中获得满足，听从自己内心的愿望，向着目标的实现勇往直前，不害怕改变，享受当下；就是好好为人处世，成为独一无二的个体，成为自己每个阶段的主人。

完善自己的思想

思考你的人生，好好把握，做人生的主人，不要被别人牵着鼻子走。

联结自己的感性，思考自己存在的意义。

只有懂得思考人生的人，才是一个完整的个体。正如启蒙思想家所倡导的那样，要培养自己的批判精神，这是在信息快速流动的时代必须优先发展的。为此，我们要花时间去思考，注意深入挖掘感兴趣的议题，不要满足于走马观花，不要在意别人的偏见，当心思维的惯性。完善自己的思想，就像给一株植物浇水，就是不让思想干涸。文献资料，一些思想家、哲学家、作家、教授的解读和阐释以及朋友之间的相互交流都构建了我们的思想大厦，为我们的人生赋予意义。

学会质疑，不要被迫而接受外界的既定观点，尽管这些观点表面看上去很吸引人；正如弗朗索瓦·拉伯雷[①]所言，要在轻浮的表面之下去寻找事物的“精髓”。如同狗会慢慢地啃骨头，有智慧的人会懂得耐心地努力获取最美好的事物：

“如果你曾看到这一景象，你就会懂得小狗是怀着多大的期待在等待骨头，是花了多大的力气来保管它，是怀着多大的热情来占有它，是如何谨慎地享用它，是如何热情地掰断它，更是如何贪婪地吮吸它。但到底是什么促使小狗有这样的举动呢？

① 弗朗索瓦·拉伯雷：文艺复兴时期法国人文主义作家之一，主要著作是长篇小说《巨人传》。——译者注

它期望探求什么呢？它在等待什么呢？其实，只不过一丁点儿的骨髓罢了。”[①]

因此，劝告当代人学会“欣赏、感受和评价优秀书籍”，通过认真阅读和持续思考，发现这些书的趣味和深度。“欣赏”和“评价”世界上的每一处美、每一次相遇和新的趣味，通过全面思考来全方位领会每一次的收获，利用每一时刻来充实自己。时刻学习，终身学习——对世界抱有好奇心是抵抗抑郁最好的良药。

思考自己的人生，就是思考自己的人生道路——我要过什么样的人生？因为人生不是预先设定好的，也并非完全是偶然的结果。我们可以从人生的每一件大事中吸取一些经验教训。人生的每一个转折点，每一个决定，每一次考验都促使我们思考一个问题：我们到底是谁？

创造自己人生的意义

你要给自己的人生赋予什么意义？你是否认为人生本身就赋予人生一个意义，因而它比人生的意义更重要？或是你认为自己的行为决定、影响了人生的轨迹？

① 弗朗索瓦·拉伯雷：《高康大》，口袋书出版社，经典系列，1998年版，第39页。

挖掘自己的“玻璃心”，你才有机会丰富自己的人生体验。你的工作，你对人生的叙述，你创造性的表达，这一切都使存在的意义这一问题变得更加厚重充实。把自己的个人发展放在一个时代、一段集体记忆之下，放到一个具体环境之中，放进一个特定派别之中，我们就能看到自己发展的方向和重点，因为个人的心理是整体的一部分，与整体紧密相连。

我们也可以在人生中体验多种生活方式，因为如今人类寿命大大延长，情感关系和职业一样不再讲求从一而终。我们可以轻易地更换宗教信仰和改变国籍。我们要学会体验多种不同的生活方式。这些生活方式之间的关系以及由此引发的全部意义，这两大问题十分尖锐地摆在我们面前。

人生的意义在于创造与毁灭之间的冲突，在于这两种持续对立但又共存于一个人身上的力量之间的博弈。我们的人生轨迹受到这两种力量的极大影响。这一双重运动赋予人生以生气，使人生有高有低，使我们的经历更加丰富。

那么人生的意义是具体的还是抽象的呢？其实，人生的意义体现在我们的日常生活中，体现在我们的感知体验中。人生的意义来自多种感官上的瞬间。

除了偶然性和物质性，我们也可以在思想的非物质层面找到某种意义。正是智力活动和观念的形成才创造、勾勒出生存所需的养分。

人生的意义会消失，也会重新出现。它并非独一无二、一成不变，并不是事先被设定好，从此一劳永逸的。人生的意义面对各种变迁也是脆弱、变动、敏感的。人生的意义不像秘密那样，我们得去远离自我的别处寻找、发现它，它不是孤立存在的。相反，人生意义的出现是有条理的，是在日常生活中的。它是一个需要以不同的方式来填满的袋子：通过动用自己的好奇心和敏锐的辨别力，通过贯注自己的热情，通过发挥自己的质疑精神。

对于入门之旅的描述是这样的：尽管这趟旅程最初的目的是为了找回初心，但很快，这就成了次要目的，首要目的变成了从过往的人生历练中吸取经验。这就是我们真正需要学习的地方，因为它创造了个性，使人更加成熟和坚强。

在这趟旅程中，我们就是旅行者。旅行者常常误以为自己只有一个要达到的目标。但是实际上，旅程是由积累的经验构成的；正是这些经验使我们成为人生的主人。

人生的意义不仅可能离我们而去，而且在人生的不同阶段会有截然不同的表现。

★ 达妮埃尔：“我曾经有一份稳定的工作，生活循规蹈矩，按部就班地结婚、生小孩。退休之后，我感到孤独。于是，我出发远行，来到一个非洲国家定居。我完全融入了当地的一个村落。我完全和当地的居民一起过着日常生活。从此，我的人生好像有了某种与众不同的意义。我遇到了不同的价值观，我的人生仿佛再次迎来了春天。我觉得自己是有用的、有伴的。我结识了许多朋友，这使我很开心。我一点也不想离开这里。”

要学会接受人生不止一种生活方式或人生意义。根据人生阶段的不同，生活方式也会有所不同。它有形成的时候，也有消失的一天。人生的侧重点也在不断变化。

“我”是一个运动的“我”。因此,个人的经历也在不断变化，有高潮，也有低谷。二者相互补充，共同使人生变得更加丰富多彩。

那么，是否要给人生寻找一个目标呢？活着，其实就是自我投射，就是拥有众多目标。但我们并不只是为目标而活，我们还是为实现人生而活。在这一方面，人生本身就可以满足自己的需要，它可以为自己代言，继续存在，无须寻找其他的元素以使人生变得充实。

有些人更喜好沉思，更了解人生的这一层面；但还有些人特别需要具体的行动和成就来丰富人生。其实，尊重自我内心的基本需求也就是尊重自己的人生。

寻找目标，难道不就是思考我们到底是因何而存在吗？我们的使命是什么？我们的期望是什么？我们为什么选择了这样一条道路？我们可以在哪个领域发展自己？我们犯过错吗？我们做过正确的选择吗？

也许我们可以对自己说：“我没有弄错，我就应该在这里。”

人生的每一步都是一次实现人生的机会。人生把握在自己手里，我们每个人都是自己人生的主人。认识到人生的短暂和人的限度使我们坚持在人生的起点和终点之间做到最好。这也促使我们决定哪些才是我们想要去做的事。

重新成为自己人生的主人，这也是有时候不随波主流，不物化自己的一种表现。

成为自己家庭或社会故事的主人

创造自己的人生轨迹，注意它的社会和历史层面，成为其中的主人。

在我们的人生经历中，我们是其中的主人。

我们不能再认为自己是孤立的、全知全能的，是能够主宰自己命运的，不能再认为自己的背景不会对自己产生任何影响。

★ 若尔迪："在很长一段时间里，我拒绝和原生家庭扯上任何关系，拒绝和家里长辈的过去扯上关系。正如我所说的，我对'世家传奇'没有兴趣。我过去认为如果没有外界事物的影响，我就可以创造完全属于自己的人生。不过，事实却与我想的截然相反。我越是想忽略自己的出身，我越是需要不断解释自己的出身，越是不知道自己想往哪儿去。如此，我便处在困境中，无法再往前走，因为我迷失在自我矛盾中。我既无法脱离自己的出身背景，又没办法继续违心地留在原地，因为我已经在其中格格不入了。于是，我不得不重新关注自己，了解自己家族的历史，并把它转化为文字。奇妙的是，最终，我借由自己的家族故事，成了自己人生的主人。”

实际上，我们并没有选择自己的家庭，我们从未想过自己要在这个地方出生，会出生在这个家族，这个家族会有这样的地位。我们只不过继承了这个家族的历史，传承了这个家族的历史。我们不过是这个家族的一分子。我们身上虽然背负着这样一个家族背景，但我们的故事并不仅限于此。我们的人生还包括自己的价值、成功以及失败。家庭并非一面旗帜，而是一个使我们能真正从中获取自己特质的地方。我们也可以在自己的家庭中重获新生。

有时，这是痛苦的，是复杂的，是身处其中难以感觉到的。因为自己还没有那么开放怀抱，那么宽容大度。因此，我们弥补这一缺陷，不要为它所累，要学会接受它、战胜它。

我们也处在一定的历史时期中。了解社会的进步会使我们看清自己的方向，帮助我们放宽心态。没有什么是一成不变的。重要的不是昨天，因为变化永不止步。要意识到由于我们的一举一动都是一定历史时期的产物，我们身上必定带有这个时代的烙印，我们的思维方式和生活习惯必定受到它的影响。

正如以上所提到的，社会的流动性使今天的人有时要多次更换职业，改变社会阶层、宗教信仰、国籍甚至自己的伴侣。这些人生的多种可能给我们带来了巨大的自由，但也使我们变得无比脆弱。

因此，虽然有些记忆很遥远，但我们还是得学会接受自己的经历，直到我们能不再受它的束缚为止。

面向外部的练习：重新和别人建立关系

与他人保持联系和亲密。不论远近亲疏，认真处理自己和周边人的关系。

关系与距离

你和他人之间的适当距离会使你拥有愉悦亲密的人际关系。

脆弱，就是意识到和他人交往、喜欢他人所要冒的风险；就是害怕不被喜欢，害怕使别人或自己失望；就是能够体会别人的感受；能够设身处地地为别人着想，能够共情。

以所有人类交往为基础的共情使我们很容易受他人情感的影响，被别人的沟通、经历甚至灵魂状态所触及。这种理解、感受的能力使我们设身处地地为别人着想，甚至使我们变得忘我。

当我们能够完全融入自我的时候，体会别人的情感会引发困难和困惑，甚至会使我们失去自己的特性。

那么，如何将共情这一品质变成一种力量呢？答案就是学会在人际关系中恰当保持一定的距离。我们需要与他人保持一定的距离，这是为了重新和他人建立关系。在我们的人生旅途中，脆弱可以测验我们是否已经在一段亲密关系中失去了自我。分离的痛苦或是被抛弃的感觉都来自双方距离突然变得难以忍受。如果我们好好研究一下自己，我们就会知道在一段关系中如何保持恰当的距离，就会懂得只有心灵相通时，人与人之间的沟通才有可能实现。

“因为这种距离，这种空白才可以使我们重新拥有欲望。”[①]

一段关系的脆弱或者不稳定会使我们十分痛苦。因此，不要提出不恰当、难以理解的请求来破坏这段关系。

我们应该在自己和他人之间保留一个空间，一个自由的、可以沟通的空间。我们要给自己戴上保护圈，保护自己不受约束和操控。但这一种空间或距离并不排斥他人的亲近，保持距离使我们喜欢上别人本来的模样。

脆弱之人已经打开了不确定的大门，他面对自己的不足，常常感到要被抛弃。但他可以处理好各种关系，拥有一个处理

① 让－克罗德·里昂德：《脆弱是一种幸福》，阿尔班·米歇尔出版社，2007年版，第127页。

人际关系的明确准则，因为他明白人际关系是如此的宝贵，甚至有时是如此的痛苦。

移情

情绪同化是一个重要的成功手段，是一种才能，可以引导人道主义价值取向的建立和人类文明中重要人文著作的创作。事实上，如果人类是一种无情、冷血的生物，那么他何必要创造“人权”这一概念呢？诸如慷慨，诸如希望看到人类尊重生命和正义等价值取向是确实存在着的，虽然它们常常受到讥笑和嘲弄。

关心

关心他人，好好保护你与他人之间的空间。

当我们脆弱时，我们对关系特别敏感。尊敬、尊重和关心他人这一习惯是可以培养和完善的，正如我们可以要求自己和他人拥有某种品质一样。这就是脆弱的力量。

尊敬这个概念常常被用来指代某种缺点，很多人觉得这是一种被冷漠以待、被忽视的表现，他们认为这样被对待使自己在其他人当中成了一个异类。

善解人意是脆弱人群的又一优点。他们之所以拥有这一品质，是因为他们自己也曾满怀期待，但却受到冷落或者轻视。

“理解自己的情绪自然地使我们理解他人的情绪。”①

如果不能共情，就不能在和他人的交流中获得乐趣，就无法带着热情和冲劲活着！

共情也会使关系变得微妙。我们不信任关系的荒漠，但共情使我们在逆境时不封闭自我，使我们能够接受他人的来来去去，使我们避免了交流的蜂拥和狂热。如此，友情就像花儿一样成长起来了。

关心，就是在意——在意他人，在意大自然，在意各种价值，在意这个世界，在意自己。

法语“soin”这个词有两个意思。首先，从医疗或是母性的角度，它是“照顾、照料”的意思，是一种对他人健康或是福祉的关心；其次，它的另一个意思代表着“注意、关心”，表现为一种认真、尊重、体贴和帮助。这个词的第二个意思是最基本的补偿手段。

脆弱之人待人接物也十分谨慎，在意他人的想法——关心他人，关心大自然，关心某个特别的人。

① 伊莎贝尔·菲利奥扎：《在我身上发生了什么？》，马拉布出版社，2002年版，第37页。

根据弗雷德里克·沃姆斯的说法，关心包含四个层面。这四个层面之间彼此独立，但常常需要结合在一起来分析事情，因为它们是一个统一体，互相包含。这四个层面分别是："关心技能，关心精神，关心社会，关心世界"。[①]

① 弗雷德里克·沃姆斯：《重生》，弗拉马里翁出版社，2012 年版，第 281 页。

创造性的练习：美化苦难

找到你的创造性：把脆弱作为灵感的来源，作为超越自己的动力来源。

你能够把生活的不幸转化为字句、文章、素描、油画，变成花园、物体、雕塑、歌唱或者音符。但你也能把不幸转变成知识、艺术上的敏感或是某种哲学议题……这些都使我们战胜不安、痛苦和孤独，表达自我的内在本质，实现某件事情。乱写、涂鸦、塑模、粘贴、书写（诗歌、小说、随笔、短句、箴言、日记）、摄影……所有这些活动都留下了印记并发生在外部世界，反映了自己的一个幻想、一个内心世界和一个强大且具有拯救意味的假想。

你也能够仅仅只是浏览、观望、出现、沉思凝望。沉思是一种艺术，也是一次寻觅。

“我在这儿
什么也不做
但可能我正在追寻”[①]

……追寻一个词语，一种感觉，一个梦想，一首诗歌……

思考生命，凝望作品……一件艺术作品甚至可以和灵魂进行交流，成为永世经典。我们被艺术家的复现能力所触动，我们身临其境，从中找到了力量和能量。

★ 伊丽莎白：“我在一幅临摹墨西哥女画家弗里达·卡罗的油画《宇宙、地球（墨西哥）、我、迭戈和修洛特尔神的爱的拥抱》中发现了一股巨大的力量。这幅画极大地震撼了我，它反映了我内心的某个东西，表现了我在这个时代下的遭遇。我产生了共鸣，这幅画在某种程度上帮助了我。我在画中仿佛看见自己的苦难升华成了一种与天地相容的和谐。爱的苦难幻化成了弗里达怀抱中的小孩。这个宇宙中的怀抱，亲切但又有些气势汹汹，深深地吸引着我。地球和月亮相互守望，黑与白相互并存，这些都促使我离这幅画更近了。”

① 吉尔维克：《诗艺》，伽利玛出版社，2001 年版，法国新杂志系列，第 194 页。

脆弱是从中获取做梦能力的源泉。这种能力使我们感受到人生的诗意，进入到艺术的世界。脆弱增强了想象力。

脆弱需要表达，因为它是本质，是所有受伤灵魂的基本沟通形式。伫立在一幅艺术作品面前，我们可以看见自己内心的焦虑、痛苦和深刻的人性。这就是我为什么被艺术作品赏析这件事所吸引。

“艺术是一道疤痕，它可以变成一束光……因此，《我的画室》系列持续地困扰着我。这些反映内部世界的油画是我深层次的一面。”①

不论哪种艺术形式，社会现实主义小说或者爱情小说的生活叙述、诗歌或者歌曲等，都是要说出你感同身受的故事。语言表述内心世界、人生经历或是心理感受，这些都使我们发现问题的实质所在，站在更远的距离来看待它——诗化的距离。

同时，艺术使我们直面任何表达形式的限制——创作使我们置身于世俗且有限的空间里。但这一空间又包罗万象，它无关时间，具有象征意义，从而将我们和一个非物质的空间相联结。

为了将自己的脆弱敏感转变为人生的诗意，我们可以找到（或者重新找到）自己创作的潜能！

每一个人都需要长大，需要发展，需要成熟，更需要改变

---

① 乔治·布拉克：《关于油画的访问、笔记和文章》，加利雷出版社，1978 年版。原文源自安德烈·韦戴的引用。

自己的环境。这是生命本身的一股冲劲。这股创造的生命冲劲旨在创造，想要使有潜力、有未来的事物突然发展。人生的旅程就包含这一基本的冲动。创造性向现在开放。并且，我们应该相信它，直面它。因为如果不多加注意，它就会轻易地在日常生活中消失不见。

我们都有要利用、要叙说的事物。每个人都用自己的方式来看待世界，正是这种世界观造就了一件工艺品，一部作品。正是在这种独特的世界观下产生了创作——我们要有怎样的观念？为了传达自己的观念，我们要使用哪些材料？接受缺陷，就是对不圆满、对外部世界秉持开放的态度。期待、希望、等待，随后创作、想象，这就是真正的生活。

但是，艺术高于生活。

“每一位诗人的内心和外部世界都没有真正地分离，他们的梦想和现实是一体的。”[①] “从内心出发，从痛苦出发，无时无刻不在寻找光明。”[②]

对法国著名演员欧利维耶·毕来说，登台演出是一次和观众无意识精神结合的经历：

“甚至被这种无意识所牵引。”[③]

---

① 引自演员、导演、亚维侬艺术节艺术总监欧利维耶·毕，由法比耶纳·巴斯科收录进《电视全览》第 3364 期（2014 年 7 月 5 日）。

② 同上。

③ 同上。

我们要从自己的缺点和不足出发，将其转变为一种对世界的质问，转变为一种新的假定事实，使事物的本质和隐喻义，空虚的满足和现实的虚幻一同涌现。

不要害怕自己的诗意表达。每个人都是“诗人”。每个人都有某些本质性的东西要说。

完美的世界并不存在。要学会与现实共处，并改善现实状况。这是人类的本性。借由理想化这一过程，我们会在自己的不足背后发现别的东西。失望沮丧是用来创作的，是以另一种方式满足自我。为了不受它的折磨，我们需要勇敢面对它。

力量使用过度会使我们不惜任何代价弥补自己的不足，以便让它彻底消失。这种力量是为某些更伟大的事物服务的，如艺术、思想、工艺与医疗技术以及学问。这一事物超越了我们。我们怀抱着谦卑和热情的态度为它效力，并从中实现了自我，超越了自我。我们从中获得了自己的完满。

工作、责任、艺术创作、科学或哲学研究、慈善举动……每个人都可以从中找到变沮丧为正能量源泉的活动，从而走出低谷。由于空虚，每个人都有可能无法动弹；由于玩世不恭，每个人都有可能误入歧途。

面对现实的练习：直面真实

立身于外部世界，寻找你的自由形式，创造你自己的入世方式，调整自己的位置。

活着，就是行动。和世界的关系是生活的动力。但是对脆弱之人来说，这比较特殊——我们越是对自身环境的突变和磨难敏感，就越是关心他人，感到所有的事情都和自己有关。这其实是一种优秀的品质。不要让这一品质消失，把它用于入世，使它变得更有建设性。

在这个世界上行动，就是创造自己的位置、自己的领地、自己的关系空间。我们在其中创造自己的特殊经历。

直面真实，从入门的角度来讲，就是把真实变为最接近真实的自己。具体来说，就是参加一项突显自我的活动，参加一项尊重自己的独立的活动，参加一项给我们带来不同责任的活动。

独立，获得财政自主权……这些都并非必然，而是多种选择之中的一条发展路径。行动，就是改变，就是当情况不符合自己时，选择离开；就是在应该和必要的时候破釜沉舟；就是创造自由的人生。

勇气

重新鼓起勇气，必须忽视恐惧，直面黑暗，不要退缩。

脆弱之人觉得自己被现实世界、被自己的烦恼和悲惨境遇所纠缠。他融入了自己所处的环境。他有勇气直视这一环境，强迫自己不要逃避。

当我们知道跌落的力量，我们才懂得勇气的价值。我们饱经风霜，在跌倒之后又重新爬起。我们了解这种内在的、难以描述的灵魂所拥有的力量。这是一种敢于航行在深水区、决不沉沦的勇气。我们会对自己说："我知道总会雨过天晴，可能是明天或是后天；我知道我会东山再起，只要等，总会有那一天。我会暂时屈从于遭遇的苦难，以便随后能打开一扇窗，出去呼吸另一种空气。"

有时，在沮丧抑郁的时候，我们会失去这种一往无前、直面挑战、走出困境的勇敢。我们变得不耐烦，变得疲惫。因此，有必要重拾这种勇敢，重新激活这种勇敢，因为这使我们解放了自我，实现了自我。

正如哲学家辛西娅·弗勒里所说，我们最终需要有自我解放的勇气：

“勇敢是智慧的另一面，表现为忠实于自我，它不受各种不切实际的事物的束缚。”[①]

重拾勇敢，首先要停止堕落，好好照料创伤，避免惯性的持续，然后恢复活力。因此，要在力量所在的地方寻找它：在自己身上，在他人身上，在某个人的风度中，在某事的意义中。

勇敢意味着做事不拖泥带水，从此时此地开始。它也意味着不把责任往别人身上推，严格要求自己，尊重自己，即时采取行动。因为行动是实践自由的唯一方法。

但是，如何实现自己的人生呢？其实，要实现自己的人生，就是不要放弃自己，敢于反抗。

但拥有自己的自由却有代价要付：些许孤独寂寞，不怎么有安全感，冲动，不确定，怀疑……

因此，要敢于改变，坚忍不拔，坚持自由。这意味着敢于直面自己内心的魔鬼，经历的恐惧，内心的屈辱、疑惑，就是敢于选择，不怕犯错。勇敢有多种形式：内在的勇敢，就是即便前路艰险，也有勇气探索；关系上的勇敢，就是懂得拒绝和反抗，懂得如何让人接受，能够找到自己的发展道路，甚至为了实现自己真正喜爱的事情去改变自己的人生路径（例如在其他领域

① 辛西娅·弗勒里：《勇敢的目的》，法亚尔出版社，2010年版，第43页。

接受培训教育）。另外，放下自己的身段，大声表白，直接投入一段感情中，也是一种勇敢。

各种形式的勇敢相互呼应，相互补充，从而为行动注入一股力量。另外，为了他人，为了事业，为了自己的观点，为了抵抗非正义而采取行动，这也是勇敢的另一种形式。

扎根于现实

打造你的“此时此刻”，具体化你的思想，不要沉浸在幻想中，不要仅满足于幻想。

脆弱需要扎根于现实来证明某事的可能性，来不一样地活着，来排解自己的绝望时刻。比如，重新发现慢动作的趣味，重新发现好好工作的好处——提升自我，获得幸福。

找到一个任务，一个最终能够实现的任务，一个需要注意力的任务。这使我们调整自我，把注意力集中在某件具体的事情上。这也时刻强化了自己在世界的存在感。

在日常生活中，不妨把注意力放到一场音乐会中。这是一件我们可以有所行动并且可以掌控的事情。抛弃过多的思想，过多非物质的事物、自我质疑和不切实际的计划。

我们的生活常常不那么接地气。其实，不论是重活还是轻活，所有具象化、互通有无或是面临物质转变的事物都需要用另一种语言来表述。这种语言运用人的身体、双手、智慧和学问，并不只是词语、篇章和思想。

★ 卡里姆："我从前不懂如何在沮丧之后重新振作起来。偶然的一次机会，借由朋友的报名，我去参加了一次烹饪课程。从此，我的热情就被点燃了。我想要学习更多的烹饪知识，我不能够什么也不做。我发现我可以改变、创造甚至改良一些调料，我喜欢使别人开心。当我烹饪的时候，我内心感到平静，我不再觉得焦虑、不安。这使我重新踏上了另一条路。通过自己获取和给予的快乐，我感受到了自己存在的意义。"

但扎根于现实也受到自己价值观、思想和行动是否一致的影响。感觉受到关切，就是把自己的人类潜能具体化。"我在职业、活动或是创作中实现自我。我将自己的潜能具体化。同时，我又受到现实的制约。这些制约使我不再过于追求全知全能，使我降低自己不切实际的期望，使我减少了幻想和空想。因此，我要学会适应这个现实"。

在实际行动中，在真实情况下，我们有自己的界限，并可以从中获得启发。我们从自己擅长的地方着手，做好准备。但我们必须重新认识界限的含义，了解世事无常，接受不是一切皆有可能，即便我们有能力做到。

我们要接受无论自己还是他人都有终结的时候，都有做不到的事情。和现实接轨使我们脱离了虚拟世界，脱离了一切依靠脑力和思想的世界，摆脱了全知全能的幻想，使我们得以创造自己的小宇宙，创造自己的位置。

扎根现实也是学习和继承的一个重要层面。继承意味着向年轻人传播知识——“你会做我的接班人，你会继承我的事业，我会把我积累的知识和经验都教给你”。

树立榜样是相互的。我们可以找到一个学习的榜样，随后努力向他看齐，成为像他那样的人。同时，每个人自己也能够成为别人的榜样。

传播的深刻意义在于我们在生命快要终结时为自己做好打算——“有一天，我可能不在这世上了。”传播的意义还在于超越自己——其他人会继续我未竟的事业，继续前进。

直面人生的起落

让自己接受人生的起落，让自己怀有一股高于自己的力量。

脆弱，就是懂得人生本就变化无常。学会习惯人生的起起落落，习惯前进是有过程的。

无论我们选择了什么人生方向，在人生旅程中，我们都必须做选择。接受这些选择带来的突变，就是能接受人生的变化不定。但同时，也要让自己体会过程，从人生的起落中受到启发，重获新生。

完全活出自我，就是面向未来，接受世事无常，有分寸，有信心。当然，人们都希望自己的人生顺风顺水。

“真正的人生是一个过程，而非一个状态；是一个方向，而非一个目标。”[①]

在稳定和变化之中取得平衡，也就是找到拉·封丹寓言[②]中的那根芦苇，不是一件容易的事。这种平衡需要我们对当下自己的遭遇保持一种开放的态度，拥有一股冲劲，懂得控制自己的情绪。只有这样，我们面对变化才能无所畏惧。

改变，可能吗

我们真的改变了吗？我们可能改变人生吗？

这些问题常常被人提出，因为改变既令人害怕，又有极大的吸引力。有时，我们会把一切弄得一团糟，把事情弄得一败涂地。于是,我们幻想着有一个遥远又美好的世外桃源。但最终，我们会选择重新上路，重新开始工作，但其实内心已经由于理想和现实的巨大差距而感到十分沮丧。

① 卡尔·罗杰斯：《论人的成长》，杜诺出版社，1978 年版，第 141 页。

② 见本书第 003 页。

然而，如果我们注意的话，改变就在我们的日常生活中。一些小小的变化，一些微不足道的选择，每天都在发生。如果我们留心的话，其实每一天都和昨天不一样。每天早晨，我们的心境、情绪都和昨天不一样。由于昨天的某次阅读，某个想法，某次讨论，某个孩子的亲近，某句情话，我们的人生就变得更丰富了。

我们应该意识到自己的“富有”，但也要认识到这种“富有”既有利也转瞬即逝。我们要学会记住人生中的重要时刻。

改变令人害怕。我们想要改变，但常常什么都没有改变。

改变既不是一个目的，也不是一个使命。它是一段多少有些漫长、有些崎岖的路途。

“瞧，它变了，某事变了！”当我们发现某一事物的变化时，常常很惊讶。其实，所谓润物细无声，改变是悄无声息，十分隐蔽的。一个我们欣然前往探索的新地区出现了，某些新力量涌现了，这些变化似乎都是突然受益于某种不知名的事物。

人生起起落落，其中的过程必然会带来一些改变；这些改变首先是内在的，然后才在外部出现某些可能的改变。内部的改变与外部的改变相伴而行，相互依存。一些人极力想要跟过去的生活做个了断，但内心世界却产生了巨变。另外一些人在漫长的学习过程中让新的力量自然发展，成熟；如此，人生的改变迟早也会随之而来。

在所有的巨变中，有一种改变叫作重回自我，叫作再次学习，叫作重获新生。

改变是两种运动之间的博弈，是一个十字路口，是一次机会，是一条放下自我、重新启程的道路。由于改变，我们的人生道路也会发生变化。

在电影《鸟瞰人生》（2014 年 5 月）中，法国著名导演帕斯卡尔·费兰呈现了两大主角——盖瑞和奥黛丽。盖瑞是个容易感到焦虑、生活忙碌的管理人员，他的行程被安排得满满当当，整天在全世界出差。电影里他正下榻在一家宾馆里，准备随后出发去戴高乐机场。奥黛丽是一个喜欢思考、喜欢幻想的大学生，她不去上学，选择到上述宾馆做清洁女工。他们似乎都活得小心翼翼、循规蹈矩，没有自己的灵魂，没有生活的乐趣。他们互不相识，但他们同时都以不同的方式深刻地改变了自己的人生。

旅行、启程的符号无处不在：火车、计程车、飞机、旅客、小鸟、天空、宾馆、虚拟沟通……不论是白天还是黑夜，是灯火通明还是漆黑一片，是空无一人还是人山人海，所有这些事物都以机场为中心。

没有一个生命是事前设定好的，没有一个人的生活是一成不变的。所有人都即将起航、即将过境。他们轻装上阵，不理会时间，没有牵挂，随时准备离开。所有人都处在运动、交汇和喧闹之中。这是当代生活的一个重要部分。

因此，不断有许多人选择跟现在的生活做个了结。一方面和它完全断绝关系，另一方面完善它，改变它。每个人都想通过这个具有双重性质的变化成功地成为真正的自己。

改变，很难

人生中的变化使我们不得不做选择，是下决心改变还是放弃离开？这个选择会摧毁从前所有的积累，我们会为此感到后悔吗？

另外，这是一次冒险。改变把我们带到了全新的跑道。它是一次面向未来的行动，是一次全球化背景下的选择，是一次对其他事物的开放。在一段时间内，改变，是不为人知的。

做出选择去改变的困难使我们在许多行动中畏首畏尾。我们害怕离开熟知的领域，迈向未知的天地。这使我们失去了创造、创新的能力。但如果不选择、不行动，我们恐怕会抱憾终身！

和谐人生的练习：充分利用自己的人生

形成你的个性，构建你的个人王国，留心人生的根本问题，注重人生的和谐。

调和、赞颂细微差别

接纳细微差别，接受不确切和不同，它们就像是人类前进过程中内在矛盾的影响。

脆弱之人能够包容细微的差异。对他们来说，没有什么是非黑即白的。

他们知道人生是冲突与和平的结合体。这也是脆弱告诉我们的——与反面相结合，接受事物的整体，不要厚此薄彼，因为这对另一部分不利，从而对整体不利。

然而，为了成长和自我提升而使自我统一，并不意味着对人生的简化，更不是千篇一律地活着。恰恰相反，我们要将所有的矛盾整合在一起，并将其融入自我发展的进程中。这些矛盾使我们得以创造一个全新的、更加完整的人生，因为它考虑到了事情的很多方面。现实总是夹杂着众多因素，包含着诸多动向，有妥协忍让，有犹豫不决，有空洞无物，也有完满充分，有内疚悔恨，也有一板一眼，就像一幅油画，有众多的色彩、笔触和寓意。

对立是事物存在的前提。

“黑和白，脱离了对方，就无法存在。它们都成就了对方的圆满和完整。它们的命运不可分割。如果没有它们之间的联系，复杂、差别和不同都将不复存在。这就是我们所说的人生。”[①]

黑和白混合在一起，就构成了我们人生的灰色地带。它是暗淡、悲伤的，也是明亮、快乐的（既内敛又外放，就像画家尼古拉斯·德·斯塔埃尔作品的色彩一样，有那么多不同的灰色，从而传递了一种深远宽广的寓意）。

黑和白的比重使我们的人生调色盘更加精细。为了寻求黑和白在当下的平衡，我们要根据此时此刻的心情、历史阶段和喜好来决定二者的比重。因为我们依靠空气和周围的环境，也正是在这种环境下，我们寻求构建自己的独特性。

我们并不是孤立的。相反，我们极易受到影响，特别是受

① 罗伯特·扎拉德尔：《和解的识字读本》，水边出版社，2012 年版，第 79 页。

到世界新闻和周边大事的影响。

我们应该学会不放在心上，学会使自己不受世上恶心事的侵扰。特别是当我们处于极度易感状态时，我们更容易受到影响。易感状态的出现常常在我们遇到麻烦或是感到悲观的时候，或是当我们疑虑重重的时候。

我们可以将生活方法多样化。面对生活的真善美时，热心殷切；面对矛盾、不公正、极端现象比如人类的游行示威时，拒绝谴责。

调和，就是承认并统一我们身上违背本性的地方，也就是我们身上相互对立的力量；就是接受自己并非来自唯一的整体。脆弱之人的本性是在疑惑、相似和尊重对立面之中游刃有余。人的敏感打开了时间的大门，因为走向差异的道路常常需要时间，并且不能立即见效。

对立物的整合使人生得以正常运转。

人生的运转围绕以下几对基本力量：

◎ 联结—断裂

◎ 希望—失望

◎ 聪明—糊涂

◎ 统一—差别

这几对力量都被创造性地整合到同一个生命运动中去了。

只有联结而没有关系的断裂是不可能的。如果所有的联结都是一成不变的，那么我们的生命就是静止不变、保守陈旧的，我们的人生，一旦确定就没法改变了。关系的断裂可以使我们创造其他关系，走向新的视野，并丰富自己的兴趣。

我们不能希望没有失望的存在，因为梦想和现实总是有差距的。不过失望可以促使我们再次许下希望。

同样地，如果没有糊涂的情况，怎么体现出此刻的聪明？一旦看清了自己的糊涂，为了避免其他糊涂的情况，我们需要获取新的知识和学问，让自己再次进步。

没有差别的统一是千篇一律、索然无味的。

因此，一切事物都会丰富我们的人生：一切事物可以重新建立关系,从而助力达成每个人所向往的和谐。和谐并非永恒存在。我们需要有某些停止、中断的时刻来开发使用自己的力量。

意识到自己的脆弱只不过使我们懂得观察某些细微的差别和微妙的地方。脆弱之人伺机而动，蹚过浑浊的河水，感受到生活的震颤，察觉出那些犹豫、那些突变以及那些矛盾。只有走捷径才有悠然自得的时候。

如果我们学会在细小微妙之处构建自我，首先，目之所及我们都能感到愉悦和乐趣。随后，我们能找到一种纯粹的、可贵的平衡，一种促使我们不断探索、不断研究的平衡。我们的对立动向，相互联结，相互克制，相互融合、统一。这些动向会创造出一种特有的运动和节奏，并影响我们的生活节奏。

差异

形成自己的独特之处，造就自己的独一无二，与世界建立非竞争性的关系。

为了丰富自我，我们要确定自己的发展领地，并统一这片土地——让它变得宜居。不过随后，在这个空间里，我们得让差异存在并发展，造就自己的独一无二，使自己脱颖而出。

我们必须形成自己的特性。

但我们要防止攀比和歧视，这会引发破坏自由的等级观念。在众人之中脱颖而出，不是要取代、歼灭或者排斥他人。培养判断力使我们能够辨别出单一、简化的发言中的欺骗，辨别出信仰的贫瘠以及消费者行为反应的平庸。

我们要利用自己对世界的敏感触角，以学会退让，开放自我。好好利用这份自制力，这份怀疑和这种惊慌，从而在自己和世界之间创造一个生存空间。在这一空间内，有反省，有思考，有观察，也有幻想。

竞争使每个人精疲力竭。自己变得脆弱，也使我们意识到别人的脆弱。这个别人，我们可能会向他求助，可能会向他吐露心声。这样，我们就懂得沟通，懂得互帮互助，听得懂别人的言语、看得懂别人的目光，更理解别人的支持。这些都是我们生命和人生中不可或缺的宝贵品质。

我们的社会嘲笑人性的敏感，推崇竞争，把竞争当作至高无上的价值。这使我们渐渐变得孤独、甚至疯狂。

今天，有很多人挺身而出，认为我们如果再不重视沟通交流、互帮互助、慷慨大方和同情共情的话，社会就会变得危险。不过，还是有许多人推崇兽性的发展模式。

沉默

和你的内在沉默重新联结。

当脆弱过渡到痛苦和愉悦时，我们发现自己需求的重要部分。同时，我们也体会到生活的基本节奏。

于是，我们认识到自己就像水一样。我们的灵魂和肉体都完全处于水中。我们的每一面都是鲜活的。生命力是如此强大，正如我们所想象的那样，正如我们所热爱的那样，正如它向我们所展示的那样。

“我们的这些不同面与构成宇宙的粒子完全一样。宇宙，就在那儿，简简单单地存在，不言不语；我们，就在这儿，简简单单地存在，不言不语。

我想谈论沉默
沉默谈论着中心
这都是我想要的”[①]

在设计自己的圆满人生时，我们满是沉默。这使我们同自

① 吉尔维克：《诗艺》，伽利玛出版社，2001年版，法国新杂志–诗系列，第219页。

己的中心和外部的世界相联系，使我们参与一切。

通过积极入世，我们能使人生成为一场为了生存的战斗。我们能有所建树，但同时，又能当舍则舍，践行沉默的艺术。沉默是一种内外兼顾的沉思，是一种倾听的表现。如果我们不沉默，我们是没有办法听别人讲话的。

沉默承载着内容，并非空洞无物。要学会看到沉默的丰富性。沉默萦绕在我们内心深处。每个人都有沉默的时候。这是不可抗拒的。为了能好好说话，审时度势，我们要看到沉默的重要性。

其实，真正的沉默是不存在的，因为世上总是有轻微的响声或是某处突然传来的一声巨响。夜晚，包括我们内心的夜晚，使我们得以倾听这些喃喃低语，倾听这世界上的其他表达。

学习大自然运行的节奏和步调——它时而呐喊，时而沉默，但却是一种蓄势待发的暂时沉默。这种沉默在等待说话的机会。因此，我们也要接受这种沉默在自己身上的发展。

★ 亚历克西："为了逃离紧张繁忙、激动人心却耗费精力的生活，我每年都需要在一个偏僻的地方独处一周。在这一周内，我过着原始的生活，不带任何日常通信工具，我不和任何人联系。我让自己放空。我冥想、思考，强制自己不做任何事。我在自己的身上发展出一种沉默。第一次这样做的时候，我其实有点不知所措，甚至非常焦虑不安。但如今，我可以毫无顾虑地前往。我期待着这一时候，它给我带来了巨大的收获。我需要借助这一周来使自己重回生活的舞台。"

节奏

把脆弱当成对慢节奏的一种尊重。重新找到生物学意义上的节奏，找到大自然生态循环的意义，在简朴中获得乐趣。

缓慢，简朴，耐心

借由简朴、诗歌以及此时此地的内心表现，我们完全可以意识到自己的身心状态和周边环境。

在自己身上找到力量，就是重新确立另一种节奏，一种深刻的、内在的成熟节奏；就是找到在这个时代宁静生活的节奏，找到一种缓慢却平稳的生活步调。这种生活步调也受到信赖和关注。

我们需要恢复自己身上的某种东西，由于无休止的奔波，我们已经失去了这个东西。我们需要时不时停下脚步，思考人生，欣赏大自然，看看一处风景，一个繁星闪闪的夜晚，一片海，什么也不做。比如，我们可以花时间看看树，学习他们简单生活的状态。

我们常常谈论速度，谈论事情的紧急，谈论写得满满当当的行程簿。然而，如果我们能够用这些标准来检视自己的内心，我们现在何必赞颂缓慢、节制与安静？

缓慢、节制与安静会重新发挥作用。我们被自己的愤怒所控制，渐渐失去了自己的特性，遇到了诸多生存的难题，因为我们存在于一个如此混沌、无序的世界。

超量与过剩阻碍了我们的想象，阻碍了我们梦想的实现。

时尚历史学家、创作者、巴黎时尚博物馆馆长奥利维耶·萨亚尔推崇放慢时装更新换代的节奏。他认为快速的节奏会扼杀创造性。根本上，创作需要缓慢的节奏和宁静的环境。

“创作活动可以使我们得到休息。”[①] 奥利维耶说道。

他认为如果要成为一个独特的创作者，如果想创造出稀有之物，理想的情况是拒绝成功的机械手段，拒绝机械地贴上名牌的标签。这会使我们体会到寂静与安宁。

停下来是为了思考，是为了看清楚、辨认明白。慢使我们更注重内容而非形式，更注重质量而非数量。如果我们循序渐进，慢慢来，我们就能看清事物本身而非事物的运动。于是，我们在生活中就更加有风度，更加有觉悟。

要体验时间的持续。比如，我们或许可以通过阅读发现长句或诗句的节奏，从而开始沉思默想？或是我们可以在摄影作品中开启一场盛大的空想？

---

① 摘自多米尼克·德·圣·伯恩2013年9月13日在《世界报》旗下的《M杂志》主持的访问。

“庆祝简单，锻炼耐心，
阅读是一条路，在其他众多之中
相信光明，这就是目的。”[①]

简化意味着选择，意味着深化。简化，就是从无法思考的奔波中抽身，思考自己的道路。

“有意的简单带来了一种罕见的惬意之感……这种惬意标志着我们重新掌控了自己的人生和命运，标志着我们彻底摆脱了消费者的疯狂。”[②]

正是在这种平静安宁的状态下，我们才能独立思考，才能思考自己的人生。脆弱之人，在经历走下坡路和重新振作之后，在安静与缓慢中找到自己的力量，重新走入自己的道路。

★ 莫尔加恩：“我曾有多年在数家大公司任职的经历。但在那儿，我没有思考的时间；急迫就是常态。在那儿，我不能真正深入地做一件事，只能跳东跳西，静不下来。我常常同时处理 36 件事情。而且这种高压的环境没有停止的时候。总是在同时处理 36 件事情的时候，第 37 件事情就来了。

① 克里斯蒂安·博班：《简单的乐事》，伽利玛出版社，第 129 页。
② 莫妮克·钮伯格：《一起变慢吧》，海魂衫出版社，2012 年版，第 171 页。

为了不完全失去自我，我决定把越来越多的时间花在个人生活和活动中。我按时回家，体验不同的生活节奏。我得重新学习如何生活，因为我已失去了对生活的热爱，我的心不再宁静，不再自省，我惊慌失措，我感到烦恼，我觉得我已经失去了自己的时间，我不再能干高效。更糟糕的是，我有罪恶感。”

找到自己的时间，不是坐以待毙，等着希望完成的事情自行开始——生活不等人，而是不再匆匆忙忙，不再要求自己即时应对别人的请求；是学会退让，等待时机，多多自省，摆脱总是急急忙忙的状态。

紧急状态

学会推迟：一个成为自己主人的办法。

回应一个请求并在紧急中采取行动会消耗大量的精力，带来许多不愉快的体验。并且很快，这个人就会失去自我。其实，只有请求是重要的。回应是如此的快速，所以我们不假思索、毫无创造性地就给出回应，这就造成了失去个性的严重后果。那些特殊性、差异性渐渐消失。最后我们的自我消失了，我们成了一个毫无特色的个体。因此，只有自己的回应和自己的再创造才是重要的。

和谐

生命是一次循环往复的运动。正如我们所知，生命就像黑夜和白天的更迭，就像苏醒和醒着的周期，就像一代又一代的接替，日复一日，各不相同。

在黑夜的暴风雨之后，我们醒来，看到了宁静的早晨。沮丧之后，看到了笑容；疲惫之后，又有了全新的活力。

我们的身体需要节奏的变化，从而获得动力、喘一口气。我们要重新找到自己内心的真正需求。我们的身体不是一台机器，时刻准备着提供服务。身体有自己的本领，同时也有自己的弱点。我们需要好好理解这一点。

就像交响乐一样，生命的节奏也是会变化的：进步和倒退并存，并且都有其存在的理由。快和慢完美地相互补充。尽管在多年的过度消费之后，简朴是必需的。但只有简朴却是不可能的，生命也需要挥霍、开放和过度。大自然也可以是生机勃勃的，它不只是平和、宁静的。

当时代过于快速、奢靡，众多价值观集体涌现时，总是会出现某些思潮呼吁回归本真，找回谦卑和节制，抵消过度奢靡带来的严重后果。其实，节制和放纵都是生命的需求，就像大自然的生态系统，在两者之间游离变化——诞生，发展，成熟，枯萎，隐藏，消失。

为什么不呢？不要伤春悲秋，但也要懂得自我排解，不是吗？这样才能全面发展。“我叫嚷着我想要沉默！”我们有时在面对难以解决的矛盾时会这样说道。

生命运动的演进，其根本动力表现为一次次相互交替的扩充和聚集。

我们要试着和自己身上的生命能量流保持联系，从而形成个人的和谐统一。

结 论

在本章节，我给你们介绍了八种观察方法和八个集中开启自己脆弱潜力的重点。这些思想观点，我希望你们根据自己的需要进行挖掘，在看清自己的前提下前进。在此基础上，你们可以进行自己的思考和探索。

这场寻找自我之旅，你们可以选择独行或者相伴而行。这是一趟没有尽头的旅行，它常常是内容丰富但又变化无常的。

这些沉思或行动可能会让你想要做一些不一样的事情，想要发现自己从未想过或看过的问题，想要亲身体会某些事情。

本章的主要目的在于学会相信自己的第一直觉，掌握分寸。有了第一直觉，如果你保持清醒时的谨慎和戒备时的好奇，你就能找到自己的内在力量之路。

结论

人类构建的普世价值超越了行为本身，超越了依靠基本均衡而形成的诸多原则，比如说保护和尊重地球上的其他物种和资源。

这些价值常常被忘记。人类有一个弱点，那就是他认为自己在现代化过程中已经逐渐变得不脆弱了。但事实并非如此，人类重新察觉到脆弱，并被脆弱打败。

现在，为了自我提升，为了符合尊重和人道主义两大准则，每个人都能意识到自己身上脆弱的部分。

“人类，只有当他为了探索其他奥秘，勇敢、平静地承认自己力量不足，无法自制时，他才是伟大的。”[1]

看到人生的幸福不是一件容易的事。我们很容易就认为一

① 雅克·阿塔利：《秘密与理性》，载《INREES 杂志》第 11 期，2011 年 9 月刊，第 96 页。

切都是极为可怕的，自己什么也做不了。在这种情况下，什么也不做，其实是一种决定论的逻辑。一切都被预想为糟糕的，并且这糟糕的一切既不能改变，也无法求助或是抛弃。

与此相对，还有一种较为单纯的看法，认为人生中有可以掌控和选择的空间，我们可以决定和改变那些我们认为不可能的事情。世事无绝对。总的来说，一切都是有待完成的。怀着对未知的开放态度，我们发挥自己沟通和创新的能力，与所处的世界、前辈和后辈建立关系。

锻炼自己的脆弱性，就是要顺着潮流，肯冒险，会抵抗，把自己当作自己人生的创造者，并为其承担责任。

坚强和脆弱相互作用，共同构成了我们个性的基础，两者不可分割。

当然，人生的阴暗面也是不容忽视的。

我们可以让自己顺从本心，从本性中提取积极、有活力的一面。同时，我们也能面向人生可怕的一面，从中发现充实自我的动力。

“所有的事物，都是既美好又恐怖，既令人愉悦又残酷凶暴，既高贵又低俗，既好又坏。因此，事物是复杂的、不可预测的、激动人心的。这也是我们思考的条件和光明的唯一来源。”[①]

① 南茜·休斯顿：《绝望导师》，南方文献出版社，2004 年版，第 353 页。

多亏了我们的天赋、特性、多面性、敏感性以及弱点，我们才能变得具有创造性，才能创造出我们自己的人生形态。我们也可以表达并升华对生存的种种疑惑。

苦难和挫折锻炼了新的能力，有时甚至产生了意想不到的力量和对生存的渴望。

除了哀悼、失望和绝望，有一种智慧始终在成长和发展，因为它从来不是既得的。这种智慧是不要对人生抱太大的期望，不要相信某事马上会发生，不要相信一切都会长存。不要犹豫，去品味人生的滋味吧！人生混杂了许多元素，有不同的结构，不同的滋味：疲劳、生气、乏味、苦涩、悲伤、快乐、喜悦、活力、愉悦、贪婪。

以上两大生活方式构成了我们的人生。我们有强烈的生存意志，需要有承受变化的力量。我们不可能以不愉快为借口对一部分变化闭口不谈。同样地，生存意味着对生死淡然处之。生存，就是寻找一个理由——一个生命有限的理由，一个任何事物都有其命运的理由。痛苦也构成了活着的幸福的一部分。生存，就是接受痛苦与愉悦之间、疲惫与活力之间、弱点与优点之间、失望与信心之间的博弈。

人名对照表

A

阿尔贝·加缪 Albert Camus

阿尔蒂尔·兰波 Arthur Rimbaud

阿兰·埃亨伯格 Alain Ehrenberg

艾尔弗雷德·耶利内克 Elfriede Jelinek

埃尔热 Herg é

埃莱娜·弗雷内尔 Hélè ne Fresnel

安德烈·格林 André Green

安德烈·孔特-斯蓬维尔 André Comte-Sponville

安德烈·韦戴 André Verdet

安娜·德尔贝 Anne Delbée

安托南·阿尔托 Antonin Artaud

奥克塔夫·米尔博 Octave Mirbeau

奥利维耶·萨亚尔 Olivier Saillard

B

芭芭拉 Barbara

白兰达・卡诺纳 Belinda Cannone

保罗–亨利・斯巴克 Paul–Henri Spaak

柏拉图 Platon

C

村上春树 Haruki Murakami

D

丹妮丝・吉梅尼斯–拉莫斯 Denise Gimenez–Ramos

迪迪埃・安齐厄 Didier Anzieu

多米尼克・博代松 Dominique Baudesson

多米尼克・德・圣・伯恩 Dominique de Saint Pern

F

法比耶纳・巴斯科 Fabienne Pascaud

凡・高 Van Gogh

樊尚・德・戈勒雅克 Vincent de Gaulejac

菲利普・格兰伯尔 Philippe Grimbert

弗朗索瓦・拉伯雷 François Rabelais

弗朗索瓦兹・多尔多 Françoise Dolto

弗雷德里克・沃姆斯 Fr é d é ric Worms

弗里德里希・尼采 Friedrich Nietzsche

H

亨利·博绍 Henri Bauchau

亨利·拉博里 Henri Laborit

胡安－戴维·纳西欧 Juan David Nasio

J

吉尔维克 Guillevic

吉约姆·加利纳 Guillaume Gallienne

K

卡尔·古斯塔夫·荣格 Carl Gustav Jung

卡尔·罗杰斯 Carl Rogers

卡米耶·克洛岱尔 Camille Claudel

克里斯蒂安·博班 Christian Bobin

克里斯蒂娜·安戈 Christine Angot

L

兰伯特·威尔森 Lambert Wilson

丽贝卡·曼佐尼 Rebecca Manzoni

罗伯特·扎拉德尔 Robert Zarader

罗丹 Rodin

罗丽·霍克 Laurie Hawkes

M

马蒂厄・尼昂戈 Matthieu Niango

马丁・斯科塞斯 Martin Scorcese

玛格丽特・杜拉斯 Marguerite Duras

玛丽 - 丽兹・拉邦代 Marie−Lise Labont é

玛丽亚・托罗克 Maria Torok

米兰・昆德拉 Milan Kundera

米歇尔・维勒贝克 Michel Houellebecq

莫妮克・钮伯格 Monique Neubourg

N

南茜・休斯顿 Nancy Huston

尼古拉・阿布拉罕 Nicolas Abraham

O

欧利维耶・毕 Olivier Py

P

帕斯卡尔・费兰 Pascale Ferran

帕维乌・帕夫利科夫斯基 Pawel Pawlikowski

Q

钱拉・德・奈瓦尔 G é rard de Nerval

乔治・布拉克 Georges Braque

乔治・果代克 Georg Groddeck

齐奥朗 Emil Cioran

R

让 - 保罗 · 萨特 Jean- Paul Sartre

让 - 贝特朗 · 蓬塔利斯 Jean-Bertrand Pontalis

让 · 德 · 拉 · 封丹 Jean de La Fontaine

让 - 克罗德 · 里昂德 Jean-Claude Liaudet

让 - 玛丽 · 佩尔特 Jean-Marie Pelt

热纳维耶芙 · 阿布里亚尔 Genevi è ve abrial

S

萨缪尔 · 贝克特 Samuel Beckett

塞尔日 · 蒂斯龙 Serge Tisseron

莎拉 · 肯恩 Sarah Kane

T

唐纳德 · 伍兹 · 威尼科特 Donald Woods Winnicott

田纳西 · 威廉斯 Tennessee Williams

托马斯 · 伯恩哈德 Thomas Bernhard

X

西尔维 · 日耳曼 Sylvie Germain

西格蒙德 · 弗洛伊德 Sigmund Freud

希莉 · 哈斯特维特 Siri Hustvedt

西蒙娜 · 薇依 Simone Weil

辛西娅 · 弗勒里 Cynthia Fleury

Y

雅克·阿塔利 Jacques Attali

雅克·德·波旁－比塞 Jacques de Bourbon-Busset

雅克·拉康 Jacques Lacan

亚历山大·乔连安 Alexandre Jollien

亚瑟·叔本华 Arthur Schopenhauer

伊莎贝尔·菲里奥扎 Isabelle Filliozat